国家中职示范校电气类专业
优质核心专业课程系列教材

〇一二基地高级技工学校
陕西航空技师学院 国家中职示范校建设成果

DIANGONGYIBIAOYUCELIANGJINENG

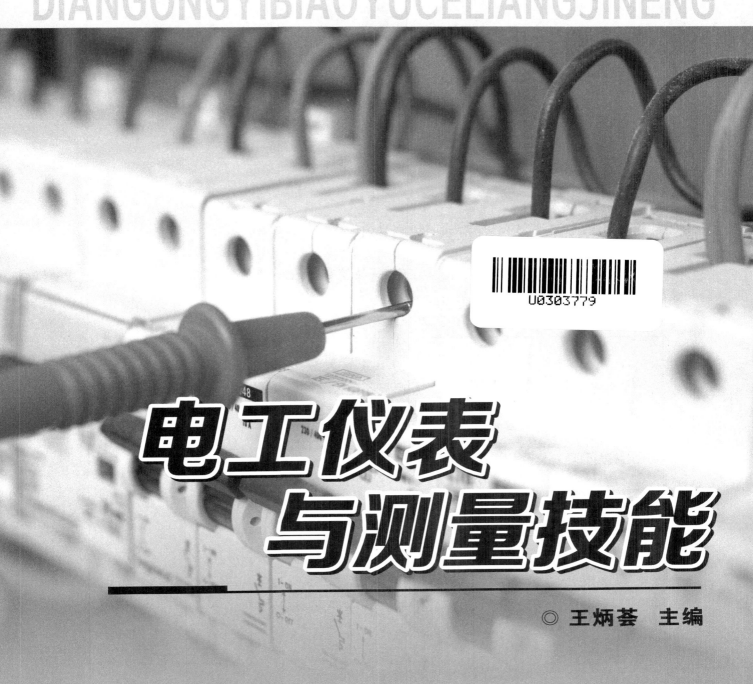

电工仪表与测量技能

◎ 王炳荟　主编

西安交通大学出版社
XI'AN JIAOTONG UNIVERSITY PRESS

内容提要

电工仪表的使用与测量技能是维修电工必须具备的基本技能之一。在从事配电线路施工、维护和设备电气装接与维护等工作过程中，都离不开定量的电气数据来指导工作，对电量和电参量的测试贯穿工作始终。

本教材紧紧围绕电气自动化设备安装与维修专业高级工的能力培养目标，采用任务驱动及理论与实践一体化教学的方式编写。根据岗位工作过程，进行教学项目编排与内容设计，以测试电量类别分类编排学习项目。同时以国家职业标准为依据，涵盖维修电工中、高级工的知识和技能要求，按应知应会要求编写教学内容；直接提供必要的、有实践意义的资料，循序渐进培养学生形成专业能力。另外，结合学生知识能力形成规律，设计每一个项目的工作过程；在完成工作任务的过程中，完成必要的知识和技能的学习，突显项目教学、任务驱动、工学结合等特点。

图书在版编目（CIP）数据

电工仪表与测量技能 / 王炳荟主编. —西安：西安交通大学出版社，2014.8（2023.8重印）

国家中职示范校电气类专业优质核心专业课程系列教材

ISBN 978-7-5605-6559-0

Ⅰ.①电… Ⅱ.①王… Ⅲ.①电工仪表—中等专业学校—教材
②电气测量—中等专业学校—教材 Ⅳ.①TM93

中国版本图书馆 CIP 数据核字（2014）第180784号

书 名	电工仪表与测量技能	
主 编	王炳荟	
策划编辑	曹 昳	
责任编辑	李莹莹 杨 璠	
出版发行	西安交通大学出版社	
	（西安市兴庆南路1号 邮政编码710048）	
网 址	http://www.xjtupress.com	
电 话	（029）82668357 82667874 （市场营销中心）	
	（029）82668315（总编办）	
传 真	（029）82668280	
印 刷	西安日报社印务中心	
开 本	880mm×1230mm 1/16 印张 8.5 字数 122千字	
版次印次	2014年9月第1版 2023年8月第4次印刷	
书 号	ISBN 978-7-5605-6559-0	
定 价	28.00元	

○一二基地高级技工学校
陕西航空技师学院
国家中职示范校建设项目

优质核心专业课程系列教材编委会

顾　问：雷宝岐　李西安　张春生

主　任：李　涛

副主任：毛洪涛　刘长林　刘万成　时　斌

　　　　张卫军　庞树庆　杨　琳　曹　昳

委　员：付　延　尹燕军　杨海东　谢　玲　黄　冰

　　　　殷大鹏　洪世颖*　杜应开*　杨青海*　李晓军*

　　　　何含江*　胡伟雄*　王再平*

　　　　（注：标注有*的人员为企业专家）

《电工仪表与测量技能》编写组

主　编：王炳荟

参　编：孙汉林　李明辉

主　审：范江平

P 前 言
Preface

　　为推进以职业活动为导向，以综合职业能力培养为核心，理论与实践融会贯通的一体化课程教学改革，并以教材为载体体现和传播教学改革的成果，本书力求围绕电气自动化设备安装与维修专业高级工的能力培养目标，凸显项目教学、任务驱动、工学结合等特点。

　　1.本课程以完成维修电工工作岗位任务所需的知识、能力和素质要求，进行教学内容的选取。增加了常见的电子式和数字式仪表。

　　2.根据岗位工作过程，进行教学项目编排与内容设计；按应知应会要求编写教学内容。保留了适度的理论论述篇幅作为学习基础，直接提供必要的和具实践意义的资料，循序渐进培养学生形成专业能力。

　　3.结合具体项目，编写了开展探讨式、互动式的教学内容，要求教师配合施教。

　　4.结合工作岗位要求，针对每个学习任务设计实训任务，增加现场体验，注重工学交替，重视能力训练。

　　5.依据维修电工岗位特殊性设计课程。强调责任心、安全意识、熟练的测试技能、精准的操作习惯等，以使学生在工作中能确保人身、设备的安全，保证仪表的使用安全。

　　6.在教材内容的呈现上，较多地利用图片、相片和表格，力求使教材更直观，更易读易懂。

　　由于编写时间和编写水平有限，不足之处在所难免，欢迎师生们提出宝贵意见。

编　者

写于2013年3月

C目 录
Contents

目录 Contents

项目一

电工仪表及测量的基本知识

学习目标

1. 了解电工测量的基本概念，清楚认识电工测量的方法。

2. 能理解电工指示仪表的基本组成，熟悉指示仪表的机构和主要部件，并了解它们的作用。

3. 掌握测量误差的表示方法，并能够运用相关理论指导实际测量。

4. 会结合实际仪表，识别电工仪表的标志及技术要求。

5. 了解数据处理和误差分析的方法。

建议学时

12学时

任务一 电工测量的基本知识

学习目标

1.了解电工测量的基本概念和电工测量的对象。

2.认识电工测量的方法，了解他们各自的特点。

学习过程

一、学习电工测量的基本知识

在电能的生产、传输、分配和使用等各个环节中，都需要通过电工仪表对系统的运行状态(如电能质量、负荷情况等)加以监测，从而保证系统安全而又经济地运行，所以人们常把电工仪表和测量称作电力工业的眼睛和脉搏。电工仪表和测量技术是从事电气工作的技术人员必须掌握的一门学科。

电工测量是将被测的电量或磁量直接或间接地与作为测量单位的同类物理量进行比较，以确定被测电量或磁量的过程。

1.电工测量对象

电工测量的对象主要是反映电和磁特征的物理量，如电流、电压、电功率、电能及磁感应强度等；反映电路特征的物理量，如电阻、电容、电感等；反映电和磁变化规律的量，如频率、相位、功率因数等。

2.电工测量方法

按获得测量结果的过程分：

（1）直接测量法：直接用仪表、仪器进行测量，结果可以直接由实验数据得到，如电压表测量电压U。

（2）间接测量法：利用被测量与某种中间量之间的函数关系，先测出中间量，然后通过计算公式，算出被测量的值，这种方法称为间接测量法。例如用伏安法测电阻，先测出电阻的电压和电流，然后用$R=U/I$算出电阻的值。

（3）组合测量法：先直接测量与被测量有一定函数关系的某些量，然后在一系列直接测量的基础上，通过求解方程组来获得测量结果的方法称为组合测量法。

按所用仪表仪器分：

（1）直读测量法：直接从仪器仪表读出测量结果，是工程中应用最广泛的测量方法，它的准确度取决于所使用的仪器仪表的准确度，因而准确度并不很高。

（2）比较测量法：在测量过程中，将被测量与标准量进行比较，从而获得测量结果。这种方法用于高准确度的测量。根据被测量与标准量比较方式的不同，比较测量法可分为以下几种：

零值法：将被测量与标准量进行比较，使两者之间差值为零，从而求得被测量的方法。

差值法：通过测量标准量与被测量的差值，从而求得被测量的方法。

替代法：把被测量与标准量分别接入同一测量仪器，且通过调节标准量，使仪器的工作状态在替代前后保持一致，然后根据标准量确定被测量的值。

二、思考和讨论

（1）已知电阻随温度变化的关系为

$$R_t=R_{20}[1+\alpha(t-20)+\beta(t-20)^2]$$

如何用组合测量法测量电阻温度系数 α、β 及 R_{20}？写出你的想法和测量步骤

步骤1：

步骤2：

步骤3：

步骤4：

（2）结合用直流电桥测电阻，说明替代法是一种极其准确的测量方法。

任务二 电工指示仪表的基本组成

学习目标

1.理解电工指示仪表的基本组成。

2.熟悉指示仪表测量机构和主要装置以及它们的作用。

3.通过观察电工指示仪表及其结构，熟悉指示仪表的主要机构和其他部件。

学习过程

一、了解电工仪表的分类

电工仪表仪器种类繁多，按其结构、原理和用途大致可分为以下几类：

1.指示仪表

电测量指示仪表又称为直读仪表。这种仪表的特点是先将被测量转换为可动部分的角位移，然后通过可动部分的指示器在标尺上的位置直接读出被测量的值，如交直流电压表、电流表、功率表都属于这种仪表。

2.比较仪器

比较仪器用于比较测量，它包括各类交直流电桥、交直流补偿式测量仪器。比较仪器测量准确度比较高，但操作过程复杂，测量速度较慢。

3.数字仪表

数字仪表也是一种直读式仪表，它的特点是将被测量转换成数字量，再以数字方式显示出测量结果。数字仪表的准确度高，读数方便，有些仪表还具有自动量程切换和编码输出功能，便于用计算机进行处理，容易实现自动测量。

4.记录仪表

用来记录被测量随时间的变化情况，如示波器、X-Y记录仪。

5.扩大量程装置和变换器

扩大量程的装置有分流器、附加电阻、电流互感器、电压互感器等。变换器是用来实现不同电量之间的变换，或将非电量转换为电量的装置。

二、学习电工指示仪表的基本组成

电工指示仪表通常是由测量电路和测量机构两部分构成。其组成方框图如图1-1所示。

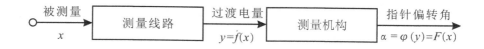

图1-1　电工指示仪表结构示意图

测量电路的作用是把各种不同的被测电量x转换为能被测量机构接受的过渡电量y。测量电路通常由电阻、电感、电容或电子元件组成，不同仪表的测量电路是不同的。

测量机构(表头)是仪表的核心部件，各种系列仪表的测量机构都是由固定部分和可动部分组成，其作用是把过渡电量y变换为仪表可动部分的机械偏转角α。为了使仪表指针的偏转角能够反映被测电量的数值，要求偏转角一定要与被测电量保持一定的函数关系。

三、认识测量机构的主要装置

测量机构分为固定部分和可动部分。以图1-2所示磁电式测量机构为例，固定部分由永久磁铁、轴承和表盘等组成；可动部分包含可动线圈、转轴、指针、游丝、阻尼器（铝框）等。下面就介绍测量机构的主要装置。

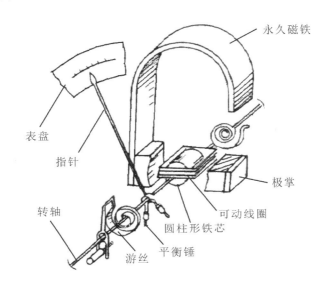

图1-2　磁电式测量机构示意图

1.转动力矩装置

在被测量的作用下，要使电工指示仪表指针偏转，就必须有产生转动力矩M的装置。转动力矩可以由电磁力、电动力、电场力等产生，其大小要与被测电量成某种函数关系。

2.反作用力矩装置

要求在可动部分偏转时，测量机构能产生一个随偏转角增大而增大的反作用力矩，用M_f表示

$$M_f = D\alpha$$

式中，α为偏转角，D为常数。

当转动力矩和反作用力矩相等时，活动部分平衡，此时偏转角的大小就对应着被测量值的大小。

除了用游丝、张丝及吊丝产生反作用力矩外，也可用电磁力产生反作用力矩。

3.阻尼力矩装置

当转动力矩与反作用力矩相等时，因为可动部分具有惯性，需要较长时间才能停止

摆动，稳定在平衡位置，所以，为使可动部分迅速稳定下来，指示仪表的测量机构通常都装有阻尼力矩装置。常用的阻尼器有空气式和电磁感应式两种。

4.读数装置

由指示器和刻度盘组成。

5.支撑装置

常见的测量机构可动部分的支撑方式有两种，轴尖轴承支撑方式和张丝弹片支撑方式。一般电工仪表普遍采用轴尖轴承支撑。

四、实训任务：观察指示仪表的机构和部件

1.实训设备

电工指示仪表、螺丝刀。

2.实训内容

电测量指示仪表种类繁多，结构各不相同，除上面学到的几个装置，大部分仪表还有一些部件，如外壳、限动器、平衡锤、机械调零装置等。

（1）准备好供实训用的旧电工指示仪表，拆开外壳，观察内部结构和部件。

（2）将观察到的部件名称、特点和作用填入表1-1中。

表1-1

序号 \ 部件	名　称	特　点	作　用
1			
2			
3			
4			
5			
6			
7			
8			
9			
10			

（3）重新装好仪表。

任务三 仪表的误差及准确度

学习目标

1.掌握测量误差的表示方法，并能够运用相关理论指导实际测量。

2.能结合实际仪表，识别电工仪表的标志及技术要求。

学习过程

一、了解仪表误差的分类

用任何仪表进行测量，仪表的指示值与被测量的真实值之间总有差异，这个差异称为仪表的误差。根据误差产生的原因，仪表误差可分为两大类：

1.基本误差

基本误差是指仪表在规定的工作条件下，即在规定的温度、湿度、放置方式、没有外电场和磁场干扰等条件下，由于仪表本身结构和工艺等方面不够完善而产生的误差。这种误差是仪表本身所固有的。

2.附加误差

附加误差是指因偏离规定的工作条件而使用所造成的误差。如温度过高、波形非正弦、外界电磁场的影响等所引起的误差都属于附加误差。

二、学习误差的表示方法

1.绝对误差

仪表的指示值A_x与被测量的真值A_0之间的差值，称为绝对误差，用Δ表示，即

$$\Delta = A_x - A_0$$

绝对误差有大小、正负和单位。其大小和符号表示了测量值偏离真值的程度和方向。由于被测量的真值A_0很难确定，所以实际测量中，通常把准确度等级高的标准表所测得的数值或通过理论计算得出的数值作为真值。

2.相对误差

绝对误差Δ与被测量的真值A_0的比值，称为相对误差γ，用百分数表示，即

$$\gamma = \frac{\Delta}{A_0} \times 100\%$$

实际测量中通常用标准表所测得的数值或通过理论计算得出的数值作为真值A_0，但在要求不太高的工程测量中，相对误差常用绝对误差与仪表指示值之比的百分数来表示，即

$$\gamma = \frac{\Delta}{A_x} \times 100\%$$

相对误差用来表示测量结果的准确程度。

3.引用误差

工程上采用引用误差来确定仪表的准确程度。

引用误差为绝对误差Δ与仪表量程（满度值）A_m比值的百分数，即

$$\gamma_m = \frac{\Delta}{A_m} \times 100\%$$

对于电工指示仪表，工程上规定用最大引用误差来表示仪表的准确度，即

$$\gamma_m = \frac{\Delta_m}{A_m} \times 100\% = \pm K\%$$

式中，K为仪表的准确度等级。

例如准确度为0.1级的仪表，允许的最大引用误差为±0.1%。仪表的准确度等级越高，则其基本误差越小。

三、思考和计算

（1）用量程是10 mA的电流表测量实际值为8 mA的电流，若读数为8.15 mA，试求测量的绝对误差、相对误差和引用误差。

（2）某电路中的电流为10 A，用甲电流表量时的读数为9.8 A，用乙电流表测量时的读数为10.4 A。试求两次测量的绝对误差和相对误差。哪次测量的读数更为准确？

（3）用1.5级、量程为250 V的电压表分别测量220 V和110 V的电压，计算其最大相对误差各为多少。哪一次测量的准确度高？

若被测电压实际值为12 V，现有150 V, 0.5级和15 V, 2.5级两种电压表各一只，试问两只表可能出现的最大误差分别为多大？应选择哪一只电压表测量？

四、实训任务：熟悉电工仪表的标志及技术要求

1.实训设备

万用表、电流表、电压表等。

2.实训内容

（1）认识电工仪表的表面标记。

电工仪表的表盘上有许多表示其基本技术特性的标志符号。根据国家标准规定，每一只仪表必须有表示测量对象的单位、准确度等级、工作电流种类、测量机构的类别、

使用条件组别、工作位置、绝缘强度实验电压的大小、仪表型号及额定值等标志符号。

表1-2　仪表测量种类的图形符号

序　号	被测量	仪表名称	符　号	序　号	被测量	仪表名称	符　号
1	电流	电流表	Ⓐ	4	功率	功率表	Ⓦ
2	电压	电压表	Ⓥ	5	频率	频率表	⨍
3	电阻	欧姆表	Ⓩ	6	电能	电度表	kW·h

表1-3　仪表工作原理的图形符号

仪表类型	符　号	仪表类型	符　号	仪表类型	符　号
磁电式仪表	⊓	电磁式仪表	⌇	铁磁电动式仪表	⊕
磁电式比率表	⊠	电动式仪表	⊟	感应式仪表	⊙
整流式仪表	⊓▷	电动式比率表	⋈		

表1-4　仪表准确度等级和工作位置的图形符号

名　称	符　号	名　称	符　号
以标度尺上量程百分数表示的准确度等级，例如1.5级	1.5	标度尺位置为垂直的	⊥
以标度尺长度百分数表示的准确度等级，例如1.5级	⌄1.5	标度尺位置为水平的	⎿
以指示值的百分数表示的准确度等级，例如1.5级	⑴.5	标度尺位置与水平面倾斜成一角度，如60°	∠60°

表1-5　仪表电流种类、端钮和调零器的图形符号

名　称	符　号	名　称	符　号	名　称	符　号	名　称	符　号
直流	——	正端钮	＋	接地端钮	⏚	调零器	↰↱
交流	∼	负端钮	—	与外壳相连接的端钮	⊥		
直流与交流	≈	公共端钮	✳	与屏蔽相连接的端钮	⊏⊐		

（2）结合MF500型万用表的面板，识读和理解有关的技术特性和标志符号，完成表1-6的填写。

表1-6 MF500型万用表面板图形符号

序号　　项目	图形符号	符号意义

任务四 数据的处理及误差估算

学习目标

1.学习了解有效数字和数据处理知识。

2.了解工程上最大测量误差的估算。

学习过程

一、学习有效数字和数据处理

1.有效数字

一个数据从左边第一个非零数字起至右边近似数字的一位为止，其间的所有数字均为有效数字。有效数字的最末一位是近似数字，它可以是测量中估计读出的，也可以是按规定修约后的近似数字，而有效数字的其他数字都是准确数字。

所有的测量数据都必须用有效数字表示。此时应注意:

（1）读数记录时，每一个数据只能有一位数字(最末一位)是估计读数，而其他数字都必须是准确的。

（2）有效数字的位数与小数点无关，"0"在数字之间或末尾时均为有效数字。例如0.025、0.25均为两位有效数字，又如203、110均为三位有效数字。在测量中，如果仪表指针刚好停留在分度线上，读数记录时应在小数点后的末尾加一位零。例如指针停在1.4 A的分度线上，则应记为1.40 A，因为数据中4是准确数字，而不是估计的近似数字。

（3）遇有大数值或小数值时，数据通常用数字乘以10的幂的形式来表示，10的幂前面的数字为有效数字。例如6.3×10^{-3}，数据有两位有效数字。

2.数据的舍入规则

数据处理的舍入规则是：若要保留n位有效数字，则第n位有效数字后面的第一位数字，大于5时入；小于5时舍;等于5时，若n位为奇数时则入，为偶数时则舍。简单地说，"5以上入，5以下舍；5前奇入，5前偶舍"。例如若5.1835、10.365均取四位有效数字，则分别为5.184、10.36。

3.有效数字的运算规则

(1)加减运算时，应将数据中小数点后位数多的进行舍入处理，使之与小数点后位数最少的相同。例如6.48、10.20、2.535三个数字相加，运算时应为6.48+10.20 +2.54=19.22，结果取19.20。

(2)乘除运算时，要把有效数字位数多的做舍入处理，使之比有效数字位数最少的那个数只多一位；计算结果的有效数字位数与原数据中有效数字位数最少的相同。例如，3.2、12.6、2.365三个数字相乘，运算时为3.2×12.6×2.36=95.1552，结果应取95。

二、工程上最大测量误差的估算

工程上主要考虑的是系统误差。用指示仪表进行直接测量时，可以根据仪表的准确度等级，估计可能产生的最大误差。即

$$\pm K\% = \frac{\Delta_{\mathrm{m}}}{A_{\mathrm{m}}} \times 100\%$$

式中，Δ_{m}为最大绝对误差，A_{m}为仪表最大量限。

因而用直读仪表测量时，可能出现的最大绝对误差可按下式计算：

$$\Delta_{\mathrm{m}} = \pm \frac{K\% \cdot A_{\mathrm{m}}}{100\%} = \pm K\% \cdot A_{\mathrm{m}}$$

项目二

直流电流和电压的测量

学习目标

1.理解磁电系测量机构的结构及工作原理，明确它的主要特点。
2.理解直流电流表及直流电压表的测量原理。
3.通过具体计算，熟悉多量程电流表和多量程电压表的电路结构。

建议学时

10课时

任务一 磁电系测量机构

1.认识磁电系测量机构,熟悉它的结构。
2.理解磁电系测量机构的工作原理和它的主要特点。

学习过程

一、观察磁电系测量机构

磁电系测量机构主要由固定的磁路系统和可动的通电线圈组成,其结构如图2-1所示。它的固定的磁路部分包括永久磁铁、极掌和圆柱形铁芯,其作用主要是产生一个很强的均匀磁场。可动部分套在圆柱形铁芯的外面,由绕在铝框上的通电线圈、转轴、指针、游丝等组成。游丝一端固定,另一端与线圈相连,用以联通可动线圈和被测电路。

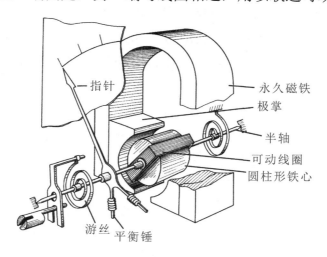

图2-1 磁电系测量机构结构示意图

二、学习磁电式测量机构的作用原理

当可动线圈中通入被测电流时,载流线圈在永久磁铁的磁场中受到电磁力矩的作用而发生偏转。根据左手定则，可以判断线圈的两个有效边受到大小相等、方向相反的力，即线圈受转动力矩的作用，转动力矩的大小为

$$M=Fb=NBIS$$

式中，B 为磁感应强度，L 为线圈的有效长度，b 为线圈的宽度，S 为线圈的面积，N 为线圈的匝数。

线圈通入的电流越大，受到的转动力矩越大，指针偏转角也越大，同时游丝的形变越大，反作用力矩就越大。反作用力矩为

$$M_f=D\alpha$$

式中，D 为游丝的反作用系数，α 为指针偏转角。

可见，反作用力矩随指针偏转角 α 增大而增大。当 $M=M_f$ 时，线圈（指针）停止偏转，有一个稳定的偏转角

$$\alpha=S_1 I$$

式中，S_1 为磁电系测量机构灵敏度。表示单位被测量所对应的偏转角。

上式说明，指针偏转角与被测电流成正比，用偏转角大小可以衡量被测电流的大小。并且，磁电系仪表的刻度是线性的。

磁电系测量机构的阻尼装置是由铝框兼顾的，铝框切割永久磁场的磁力线而产生阻尼力矩。

三、讨论磁电系测量机构的特点

（1）为什么说磁电系测量机构只能测量直流电，而不能测量交流电？

（2）若在测量电路中增加一个整流环节，磁电系测量机构能不能用来测交流电?为什么？

（3）磁电系测量机构具有很多优点，所以经常用作实验室仪表和高精度的直流标准表，通常用来测量直流电流、直流电压，也用作万用表的表头。在教师指导下，总结磁电系测量机构的优点和缺点。

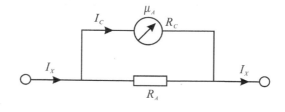

任务二 磁电系直流电流表

学习目标

1.明确直流电流表的电路组成和原理。

2.明确多量程直流电流表的原理，会计算闭路式分流电路的分流电阻。

学习过程

一、学习直流电流表的电路结构和原理

1.直流电流表的组成

在磁电系测量机构中，由于可动线圈的导线很细，而且电流还要经过游丝，所以允许通过的电流很小，约几微安到几百微安。若要测量较大的电流，可以并联适当大小的分流电阻。因此，实际使用的直流电流都是由磁电系测量机构与分流电阻并联组成的，如图2-2所示。

图2-2　直流电流表的组成

可见，流过测量机构的电流为

$$I_C = \frac{R_A}{R_C + R_A} I_X$$

设电流量程扩大倍数为n,则

$$n = \frac{I_X}{I_C} = \frac{R_C + R_A}{R_A} = \frac{R_C}{R_A} + 1$$

整理后，得

$$R_A = \frac{R_C}{n-1}$$

2.分流电阻

分流电阻一般采用电阻率较大、电阻温度系数很小的锰铜制成。考虑到分流电阻的散热和安装尺寸，当被测电流小于30 A时，分流电阻可以安装在电流表的内部，称为内附分流器；当被测电流超过30 A时，分流电阻一般安装在电流表的外部，称为外附分流器，如图2-3所示。外附分流器上一般不标明电阻值，而是标明额定电压（指分流器工作在额定电流时两个电位端钮间的电压）和额定电流值（指电流表量程扩大后的最大电流值）。目前，国家标准规定外附分流器在通入额定电流时，对应的额定电压为30 mV，45 mV，75 mV，100 mV，150 mV和300 mV六种规格。当测量机构的电流量程与内阻R_C的乘积与分流器的额定电压相等时，测量机构与外附分流器连接后，其量程就等于分流器的额定电流。

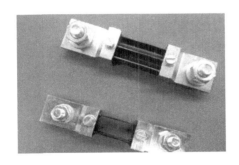

图2-3　外附分流器

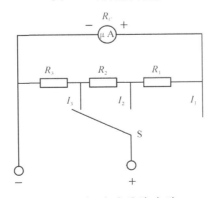

图2-4　闭路式分流电路

3.多量程直流电流表

按照分流电阻与测量机构连接方式不同，多量程直流电流表分流电路分为开路式和闭路式两种。目前，几乎所有直流电流表都采用闭路式分流电路，如图2-4所示。

虽然闭路式分流电路各个量程之间相互影响，计算分流电阻较复杂，但是转换开关的接触电阻处在被测电路中，对分流准确度没有影响。尤其当触头接触不良时，保证不会烧毁测量机构。

二、查阅相关资料，完成下面的练习

（1）设有一只内阻为200 Ω、满刻度电流为500 μA的磁电式测量机构，现要将其改制成量程为1 A的直流电流表，求应并联多大的分流电阻？ 若需利用该测量机构测量100 A的电流，应选用何种规格的外附分流器？

（2）如图2-5所示两个量程的电流表中，已知表头满偏电流为500 μA，内阻为300 Ω，量程I_1=10 mA，量程I_2=1 mA，求分流电阻R_1和R_2的阻值。

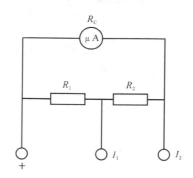

图2-5　两个量程的电流表

任务三 磁电系直流电压表

学习目标

1.明确直流电压表的电路组成和原理。

2.明确多量程直流电压表的原理，会计算共用式分压电路的分压电阻。

学习过程

一、学习直流电压表的电路组成和原理

1.直流电压表的组成

一只内阻为R_c、满刻度电流为I_c的磁电式测量机构，本身就是一只量程为$U_c=I_cR_c$的电压表，只是其电压量程很小。如果需要测量更高的电压，就必须给测量机构串联一只分压电阻R_v，可见，磁电式直流电压表是由磁电系测量机构与分压电阻串联组成的，如图2-6所示。

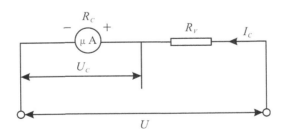

图2-6 直流电流压表的组成

根据串联电路的特点，得

$$I_c=\frac{U_c}{R_c}=\frac{U}{R_c+R_v}$$

若令$m=U/U_c$为电压量程扩大倍数，则

$$m=\frac{U}{U_c}=\frac{R_c+R_v}{R_c}=1+\frac{R_v}{R_c}$$

整理得

$$R_v=(m-1)R_C$$

分压电阻也分为内附式和外附式两种。通常量程低于600 V时可采用内附式的，以便安装在表壳内部；量程高于600 V时，应采用外附式的。外附式分压电阻是单独制造的，并且要与仪表配套使用。

2.多量程直流电压表

磁电系多量程直流电压表常采用共用式分压电路，如图2-7所示。优点是高量程分压电阻共用了低量程分压电阻，节约了材料。缺点是一旦低量程分压电阻损坏，则高量程电压挡就不能使用。

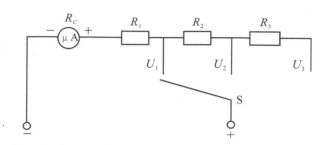

图2-7　多量程直流电压表

二、查阅相关资料，完成下面的练习

（1）一只内阻为500 Ω、满刻度电流为100 μA的磁电式测量机构，要改制成50 V量程的直流电压表，应串联多大的分压电阻？该电压表的总内阻是多少？

（2）电压表各量程内阻与相应电压量程的比值为一常数，称电压灵敏度，单位为"Ω/V"。为什么说电压灵敏度越高，测量准确度也越高？

项目三

交流电流和电压的测量

学习目标

1.熟悉电磁系测量机构的作用原理和特点；会使用电磁系电流表和电磁系电压表。

2.理解测量用互感器的作用和工作原理，掌握电流互感器和电压互感器的测量接线。

3.能根据具体测量任务，使用电流互感器和交流电流表配合，完成较大交流电流的测量。

4.认识钳形电流表的结构原理和它测量电流时的优点。

5.会结合测量任务，选择合适的钳形电流表，掌握钳形电流表的正确使用方法，完成测量任务。

建议学时

16课时

任务一 电磁式仪表

学习目标

1.认识电磁系测量机构，理解电磁系测量机构的作用原理和特点。
2.知道电磁系电流表和电压表的原理电路。

学习过程

一、在教师指导下，观察电磁系测量机构实物，明确以下内容

电磁系仪表的测量机构分为吸引型、排斥型两大类。吸引型测量机构如图3-1所示，是由固定线圈和装在转轴上的偏心可动铁片组成电磁系统，在转轴上还装有游丝、空气阻尼器和指针等部件。排斥型测量机构如图3-2所示，其固定部分是由圆筒形圆线圈和固定于线圈内壁的固定铁片组成，可动部分由固定于转轴上的可动铁片、空气阻尼器、指针、游丝等组成。

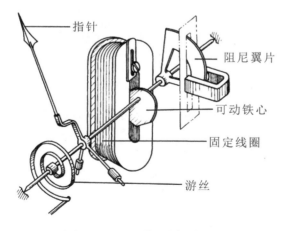

图3-1 吸引型测量机构

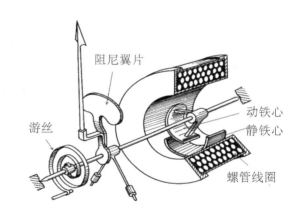

图3-2 排斥型测量机构

二、学习电磁系测量机构的作用原理

以排斥型电磁系测量机构为例，其工作原理是：当圆筒形线圈中通以被测电流时，

在线圈周围产生磁场，定铁片和动铁片同时被磁化，这称为同一磁性，即同一端的极性相同。由于同性相斥，可动铁片带动可动部分偏转，当转动力矩与游丝产生的反作用力矩平衡时，指针就稳定在某一位置上，指示被测值。

习惯上用平均力矩来衡量测量机构可动部分的偏转，可以证明，电磁系测量机构平均力矩为

$$M = K_1 I^2$$

式中，I 为交流电的有效值，K_1 为常数。

因为游丝的反作用力矩

$$M_f = D\alpha$$

所以当转动力矩与游丝反作用力矩相等，指针停止偏转时，指针偏转角为

$$\alpha = KI^2$$

式中，I 为交流电有效值，K 为常数。

三、查阅相关资料，讨论电磁系测量机构的特点

（1）当电磁系测量机构通交流电时，转动力矩的方向不会改变，是什么原因？

（2）你认为电磁系测量机构的标尺刻度有什么样的规律？

（3）总结电磁系测量机构的特点。

四、了解电磁系电流表和电压表

1.电磁系电流表

安装式电磁系电流表都制成单量程的。目前安装式电磁系电流表一般做成量程为5 A的交流电流表,以便与电流互感器配合测量较大的交流电流。便携式电磁系电流表常制成多量程的,一般都采用将固定线圈分成两段,然后利用分段线圈串、并联来实现,电路如图3-3所示。

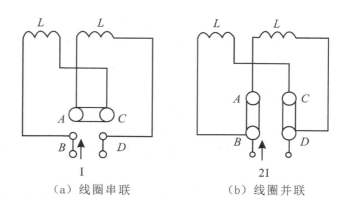

（a）线圈串联　　　　（b）线圈并联

图3-3　双量程电磁系电流表原理电路

2.电磁系电压表

安装式电磁系电压表通常做成单量程的,最大量程不超过600 V。便携式电磁系电压表一般都做成多量程的,内部电路如图3-4所示。显然,它采用了共用式分压电路。

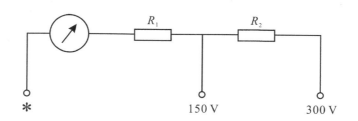

图3-4　多量程电磁系电压表电路

任务二 测量用互感器及使用

学习目标

1.明确认识测量用互感器的作用。
2.理解电流互感器的工作原理，掌握电流互感器的正确接线。
3.理解电压互感器的工作原理，掌握电压互感器的正确接线。
4.学会使用电流互感器和交流电流表配合，完成较大交流电流的测量。

学习过程

一、参观实物，明确测量用互感器及其作用

实际中，经常遇到需要测量高电压、大电流的场合，而要生产一个能够直接测量高电压、大电流的交流仪器是很困难的，而且使用起来也十分危险。利用变压器能够改变交流电压和电流的原理，人们制造出一种特殊的变压器——测量用互感器，其外形如图3-5所示。

（a）

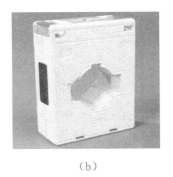
（b）

（c）

图3-5 电流互感器和电压互感器

测量用互感器是用来按比例变换交流电压或交流电流的设备。按照用途的不同，测量用互感器分为电压互感器和电流互感器两大类。测量用互感器的作用包括：

（1）使测量仪表与高压装置之间有很好的电气隔离，保证了工作人员和设备的安全。

（2）把高电压、大电流按比例变换成低电压、小电流，用低量程仪表进行测量，扩

大了仪表量程。

（3）由于测量用互感器二次侧额定电压统一规定为100 V，额定电流统一规定为5 A，所以只要生产量程100 V的交流电压表和量程5 A的交流电流表，配以不同变比的互感器，就可满足测量高电压、大电流的要求，有利于仪表生产的标准化，降低生产成本。

（4）二次回路不受一次回路的限制，可采用星形、三角形等多种接法，因而使接线灵活方便。

二、学习电流互感器的工作原理和接线

1.电流互感器的工作原理

电流互感器是一种将电力系统中的大电流变换成标准小电流的电流变换装置。主要由绕组、铁芯及绝缘支持物构成。国家标准规定，电流互感器用"TA"表示，图形符号如图3-6所示。

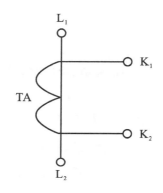

图3-6 电流互感器图形符号

电流互感器的一次额定电流I_{1N}与二次额定电流I_{2N}之比，称为电流互感器的额定变流比。用K_{TA}表示，即

$$K_{TA}=I_{1N}/I_{2N}$$

每个电流互感器的铭牌上都标有它的额定变流比。测量时根据电流表的指示值I_2，计算出一次侧被测电流I_1的数值，即

$$I_1=K_{TA}\cdot I_{2N}$$

同理，可对与电流互感器配合使用的电流表直接进行刻度。例如，按5 A设计制造，但与$K_{TA}=500/5$ A的电流互感器配合使用的电流表，其标度尺可按500 A进行刻度。

2.电流互感器的正确接线

将电流互感器的一次侧与被测电路串联，二次侧与电流表串联，如图3-7所示。电流互感器一次侧的L_1和二次侧的K_1是同名端，L_2和K_2是同名端。

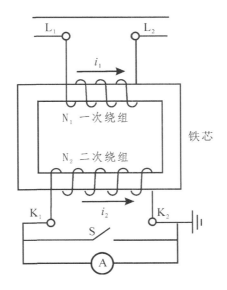

3-7　电流互感器的正确接线

对功率表、电能表等转动力矩与电流方向有关的仪表，当其与电流互感器配合使用时，还要确保电流互感器的极性正确，极性接反会导致仪表指针反转。

3.电流互感器的使用要求

（1）电流互感器的二次侧在运行中绝对不允许开路。因此，在电流互感器的二次侧回路中严禁加装熔断器。运行中需要拆除或更换仪表时，应先将二次侧短路后再进行操作。

（2）在高压电路中，电流互感器的铁芯和二次侧的一端必须可靠接地，以确保人身和设备安全。

（3）接在同一互感器上的电流表不能太多，否则接在二次侧的仪表消耗的功率将超过互感器二次侧的额定功率，导致测量误差增大。

三、学习电压互感器的工作原理和接线

1.电压互感器的工作原理

电压互感器是将电力系统中的高电压转换成低电压的测量用互感器，它的一次侧的额定电压应与被测电力系统的额定电压一致，二次侧额定电压通常为100 V。国家标准规定，电压互感器用"TV"表示，图形符号如图3-8所示。

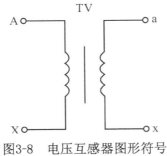

图3-8　电压互感器图形符号

电压互感器一次侧额定电压U_{1N}与二次侧额定电压U_{2N}之比，称为电压互感器的额定变压比，用K_{TV}表示，即

$$K_{TV}=U_{1N}/U_{2N}$$

K_{TV}一般都标在电压互感器的铭牌上。测量时可根据电压表的指示值U_2，计算出一次侧被测电压U_1的大小，即

$$U_1=K_{TV}U_2$$

在实际测量中，为方便测量，对与电压互感器配合使用的电压表，常按一次侧电压进行刻度。

2.电压互感器的接线方法

使用时，将一次侧与被测电路并联，二次侧与电压表并联，如图3-9所示。电压互感器一次侧的A与二次侧的a是同名端，一次侧的X与二次侧的x是同名端。实际中，功率表、电能表等与电压互感器连接时还要注意极性，防止仪表指针反转。

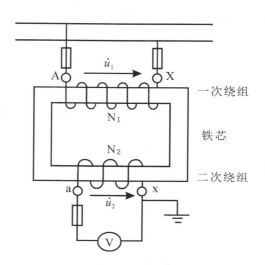

图3-9 电压互感器接线图

3.电压互感器的使用要求

（1）实际选择电压互感器时，必须注意其额定电压与所测量主电路的额定电压相符，二次侧负载电流的总和不得超过二次侧的额定电流。

（2）电压互感器的一次侧、二次侧在运行中绝对不允许短路。因此电压互感器的一次侧、二次侧都应该设熔断器，以免一次侧短路影响高压供电系统，二次侧短路烧毁互感器。

（3）电压互感器的铁芯和二次侧的一端必须可靠接地，以防止绝缘损坏时，一次侧的高电压窜入低电压，危及人身和设备的安全。

四、实训任务：使用电流互感器测量交流电流

1.实训设备

电流互感器、交流电流表、灯泡、熔断器等。

2.实训内容

（1）按图3-10接线，电源相电压为220 V。

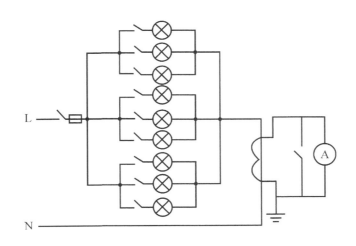

图3-10　使用电流互感器测量交流电流

（2）电流互感器使用非穿心式（HL55型），一次侧额定电流值选择10 A，测量电流互感器的二次侧读数，根据铭牌数据，计算被测电流大小：

二次侧电流=

额定变流比=

一次侧电流（被测电流）=

（3）电流互感器改用穿心式（LMZ1型）的，一次侧穿心绕10匝，按照相同方法测量电流互感器的二次侧读数，根据铭牌数据，计算被测电流大小：

二次侧电流=

额定变流比=

一次侧电流（被测电流）=

（4）电流互感器型号同步骤（2），一次侧穿心绕15匝，再次测量电流互感器的二次侧读数，计算被测电流大小：

二次侧电流=

额定变流比=

一次侧电流（被测电流）=

3.分析结果

根据实验数据，将三次测量的数据进行比较，在教师指导下分析实验结果和误差原因。

注：穿心式电流互感器一般应用在低压系统0.5 kV以下系统中，使用安装都很方便，节约了互感器中一次线的成本，例如200/5的穿心互感器，把一次线从互感器中心穿过，便可得到标准二次电流，如果一次线多绕一圈，从中心穿过两次就得到了100/5的电流比。

4.评分

评分内容	配分	评分人	
		学生	教师
明确工作（实训）任务	10		
测量前的仪表、设备、连接线、工具等准备	10		
仪表接线、测量方法、操作步骤正确	20		
测量读数、填写表格、结果分析正确	20		
清理现场、恢复仪表及设备状态	10		
明确安全规程，保证仪表安全和人身安全	30		
合计			

任务三 钳形电流表及测量使用

学习目标

1.认识钳形电流表的分类和结构原理。

2.会根据被测电流的种类和电压等级选择钳形电流表，掌握正确选择钳型电流表量程的方法。

3.掌握钳形电流表的正确使用，完成给定的测量任务。

学习过程

一、认识钳形电流表，明确它的分类和结构原理

钳形电流表的最大优点是能在不停电的情况下测量电流。例如，用钳形表可以在不切断电路的情况下，测量运行中的交流电动机的工作电流，从而方便地了解它的工作状态。常见钳形电流表的外形如图3-11所示。

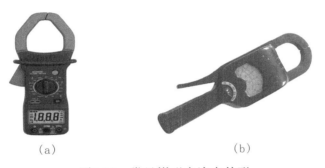

（a）　　　　　　　　　　（b）

图3-11　常见钳形电流表外形

1.互感器式钳形电流表

互感器式钳形电流表是一种最常见的钳形电流表，是由电流互感器和整流系电流表组成，如图3-12所示。电流互感器的铁芯呈钳口形，当握紧钳形电流表扳手时，其铁芯便张开，将通有被测电流的导线卡入钳口中，作为电流互感器的一次绕组。放松扳手后铁芯闭合，电流互感器的二次绕组就会产生感应电流，并送入整流系电流表。电流表的标度尺是按一次电流刻度的，仪表读数就是被测导线的电流值。

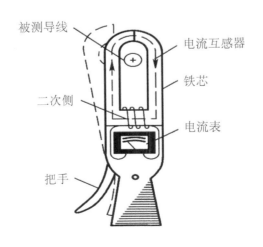

图3-12　互感器式钳形电流表

2.电磁系钳形电流表

电磁系钳形电流表，是交直流两用的钳形电流表，是按电磁系测量机构的工作原理制成的。其结构如图3-13所示。处在铁芯钳口中的导线相当于电磁系测量机构中的线圈。当被测电流通过导线时，在铁芯中产生磁场，使可动铁片磁化，产生电磁推力，带动指针偏转，指示出被测电流的大小。MG20、MG21型钳形电流表就属于交、直流两用的电磁系钳形电流表。

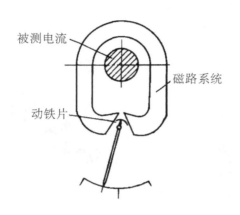

被测电流

磁路系统

动铁片

图3-13   电磁系钳形电流表

二、实践和体会：钳形电流表的使用方法

（1）根据被测电流的种类和电压等级正确选择钳形电流表。测量高压线路的电流时，应选用与其电压等级相符的高压钳形电流表。

（2）正确检查钳形电流表的外观情况，钳口闭合情况及表头情况等是否正常。钳口要结合紧密，有污物要及时清理。

（3）根据被测电流大小来选择合适的钳型电流表的量程。选择的量程应稍大于被测电流数值。若不知道被测电流的大小，应先选用最大量程估测。

（4）测量时，应按紧扳手，使钳口张开，将被测导线放入钳口中央，松开扳手并使钳口闭合紧密。此时看仪表指针可以读出被测电流的大小。如图3-14所示。

（5）测量5A以下较小电流时，可将被测导线多绕几圈再放入钳口测量，如图3-15所示。被测的实际电流等于仪表读数除以放进钳口中导线的圈数。

（6）读数后，将钳口张开，将被测导线退出，将挡位置于电流最高挡或OFF挡。

图3-14 钳形电流表的正确使用

图3-15 测量5 A以下较小电流

三、注意以下事项

（1）钳形电流表分高、低压两种，严禁用低压钳形表测量高电压回路的电流。

（2）钳形电流表不能测量裸导体的电流。

（3）严禁在测量进行过程中切换钳形电流表的挡位。

（4）用高压钳形表测量时，禁止用导线从钳形电流表另接表计测量。测量应戴绝缘手套，站在绝缘垫上，不得触及其它设备，要特别注意保持头部与带电部分的安全距离。

（5）测量时，应注意身体各部分与带电体保持安全距离(低压系统安全距离为0.1～0.3 m)。观测表计时，人体任何部分与带电体的距离不得小于钳形表的整个长度。

（6）钳形电流表测量结束后把开关拨至最大量程挡，以免下次使用时不慎过流，并应保存在干燥的室内。

四、实训任务：用钳形表测量判断三相异步电动机故障

1.实训设备
钳形电流表、三相异步电动机等。

2.实训内容

（1）测量前先估计被测电流大小，选择合适量程。若不能估计被测电流大小，应从最大量程开始，逐步换成合适量程。

（2）将三相异步电动机通电，用钳形电流表同时钳住三根相线，将被测导线置于钳口中央，再使钳口紧闭。观察仪表指针偏转情况，将电流读数记录下来。

$\Sigma I =$

（3）用钳形电流表测电动机三相空载电流，观察仪表指针偏转情况，将电流读数记录下来。

$I_1 =$

$I_2 =$

$I_3 =$

3.教师指导

根据测量数据分析三相异步电动机的故障。

4.评分

评分内容	配分	评分人	
		学生	教师
明确工作（实训）任务	10		
测量前的仪表、设备、连接线、工具等准备	10		
仪表接线、测量方法、操作步骤正确	20		
测量读数、填写表格、结果分析正确	20		
清理现场、恢复仪表及设备状态	10		
明确安全规程，保证仪表安全和人身安全	30		
合计			

项目四

万用表的使用和维修

学习目标

1.学习和明确模拟式万用表的基本组成及其各组成部分的作用。

2.要掌握MF500型万用表的使用方法，学会用万用表测量电流、电压、电阻和常用电子元器件。

3.通过分析，能理解MF500型万用表的测量线路及其原理，并做常见故障的维修练习。

建议学时

16小时

任务一 MF500型万用表及使用

学习目标

1.明确模拟式万用表的基本组成及其各组成部分的作用。

2.熟悉MF500型万用表，掌握它的使用方法；学会用万用表测量电流、电压、电阻和常用电子元器件。

学习过程

一、学习模拟式万用表的组成

万用表是一种常用的多功能表，主要用来测量电压、电流、电阻、晶体管放大倍数等，虽然准确度不高，但使用简单，携带方便，是维护、检修电气设备的常用工具。常用的万用表有模拟式万用表和数字式万用表两大类。

模拟式万用表一般都由测量机构、测量线路、转换开关等三大部分组成。

万用表的测量机构是万用表的核心，俗称表头，通常采用灵敏度、准确度高的磁电系直流微安表，它的作用是把过渡电量转换为仪表指针的偏转角。测量线路的作用是把各种不同被测量，转换成磁电系测量机构所能测量的微小直流电流，即过渡电量。转换开关的作用是针对不同的被测电量，把测量线路转换为所需要的测量种类和量程。

二、结合实物，熟悉MF500型万用表

MF500型万用表是一种高灵敏度、多量程的便携式整流系仪表。能分别测量交流电压、直流电压、直流电流、电阻及音频电平等，并具有较高的电压灵敏度。

1.表头

MF500型万用表表头上的刻度线如图4-1所示。

第一条标有R或Ω，指示的是电阻值，转换开关在欧姆挡时，即读此条刻度线。

第二条标有≌和VA，指示的是交、直流电压和直流电流值，当转换开关在交、直流电压或直流电流挡，即读此条刻度线。

第三条标有10 V，指示的是10 V的交流电压值，当转换开关在交、直流电压挡，量程在交流10V时，即读此条刻度线。

第四条标有dB，指示的是音频电平。

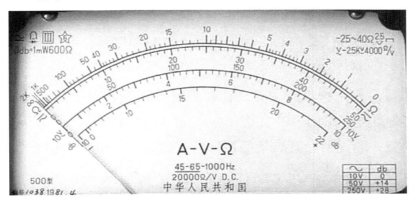

图4-1　MF500型万用表表头刻度线

2.测量电路

用一只表头能测量多种电量，并且有多种量程，其关键是通过测量线路的变换。MF500型万用表的测量功能和量程挡位如下：

直流电压：2.5 V、10 V、50 V、250 V、500 V五个量程挡位。

交流电压：10 V、50 V、250 V、500 V四个量程挡位，另设有一个2500 V的插孔。

直流电流：1 mA、10 mA、100 mA、500 mA四个常用挡位，及50 μA扩展量程挡位。

电阻：×1、×10、×100、×1 k、×10 k五个倍率挡位。

hFE：测量三极管直流放大倍数的专用挡位。

3.转换开关

MF500型万用表有两个转换开关，分别标有不同的挡位和量程，如图4-2所示。用来选择各种不同的测量要求。测量时根据需要把开关挡位放在相应的位置就可以了。

图4-2　MF500型万用表的转换开关

三、实训任务：使用MF500型万用表测量基本电量

1.实训设备

万用表、可调直流稳压电源、可调恒流源、三相调压器、电阻。

2.万用表的使用方法及注意事项

（1）机械调零：使用模拟万用表之前要先进行机械调零。旋动万用表的机械调零螺钉，使指针对准刻度盘左端的"0"位置。

（2）插孔选择：测量前检查表笔插接位置，红表笔一般插在标有"+"插孔内，黑表笔插在"*"公共插孔内。

（3）测量种类选择：根据所测对象（交流电压、直流电压、直流电流、电阻）的种类将转换开关旋至相应位置上。

（4）量程的选择：根据测量大致范围，将量程转换开关旋至适当量程上。若不能确定被测量大小，应将转换开关旋至对应最大量程，再根据指针偏转程度逐步减小至合适量程。

（5）正确读数：一般应使指针偏转至满刻度的2/3以上为宜。测量电阻时应使指针处在标度尺中间区域。

（6）注意操作安全：万用表用完后，应将转换开关置于空挡或交流挡500 V位置上。若长期不用，应将表内电池取出。另外，绝对不允许带电转换量程，切不可使用电流挡或欧姆挡测电压，否则会损坏万用表。

3.实训内容

（1）用万用表测量直流电压：选择直流电压挡测量。红表笔接被测电压正极，黑表笔接被测电压负极，两表笔并在被测线路两端。调直流稳压电源，使输出电压分别为1 V、5 V、25 V（直流稳压电源自身指示值），选择相应电压量程，读测电压大小，把测量数据填入表4-1中。

表4-1

内　容　\　被测电压	1 V	5 V	25 V
量　　程			
测量值			

（2）用万用表测量交流电压：选择交流电压挡测量。将两表笔并接线路两端，不分正负极。调整三相调压器，使线电压分别为50 V、100 V、220 V（调压器上线电压表指示值），选择相应电压量程，读测电压大小，把测量数据填入表4-2中。

表4-2

内　容 ＼ 被测电压	50 V	100 V	220 V
量　程			
测量值			

（3）用万用表测量直流电流：选择直流电流挡测量。红表笔接电源正极，黑表笔接电源负极，两表笔串接于测量电路中。调整电工实验装置上的恒流源，使输出电流分别为1 mA、5 mA、20 mA（恒流源自身指示值），选择相应电流量程，读测电流大小，把测量数据填入表4-3中。

表4-3

内　容 ＼ 被测电流	1 mA	5 mA	20 mA
量　程			
测量值			

（4）用万用表测量电阻：选择电阻挡测量。测量电阻前，先进行欧姆调零。每更换一次量程都要重复调零一次。测较大电阻时，不要用手接触两表笔，以免人体电阻并入，影响测量准确程度。选好电阻倍率，读测给定电阻，把测量数据填入表4-4中。

表4-4

内　容 ＼ 被测电阻	51 Ω	200 Ω	1 kΩ	10 kΩ
量　程				
实测值				

4.教师指导

根据记录的数据，分析测量结果及误差，讨论误差产生的原因。

四、实训任务：使用MF500型万用表检测电子元器件

1.实训设备

MF500型万用表、不同型号的二极管、三极管若干。

2.实训内容

（1）晶体二极管的测量：二极管是一种具有明显单向导电性半导体器件。通常小功

率锗二极管的正向电阻值为300～500 Ω，反向电阻为几十kΩ；硅二极管正向电阻约为1 kΩ或更大，反向电阻在500 kΩ以上。正反向电阻差值越大约好。

选万用表的R×1 K挡或R×100挡测量二极管，将测量结果填入表4-5。注意万用表电阻测量电路中，红表笔与表内电池负极连接，黑表笔与表内电池正极连接。

表4-5

二极管 测量内容	一	二	三	四
正向电阻				
反向电阻				
二极管质量				
锗管或硅管				

（2）晶体三极管管脚识别:判定基极：用R×1 k挡或R×100挡测量。先假定一个脚为基极，以黑表笔连接之，再用红表笔分别接另外两个脚。如果两次测得的阻值均较小，则黑表笔所接的脚为基极，并且是NPN型三极管；如果两次测得的阻值均较大，则为PNP型管；如果两次测得的阻值差异很大，应另选一脚为基极，直至满足上述条件为止。

判定集电极:以NPN型三极管为例，选用R×1 k挡或R×100挡测量。先假定一个脚为集电极（c），以黑表笔接之，红表笔接发射极（e），用手指将假定的集电极和已测出的基极（b）捏起来，但不要相碰（相当于在bc结上并联一电阻，用以提供基极电流)，记下测量值。然后作相反假设，设另一脚为集电极，再作同样的测试。比较两次测试结果，阻值较小的那次，黑表笔接的是集电极，红表笔接的是发射极，且此时阻值越小，说明被测三极管的β值越大。

选万用表的 R×1k挡测量三极管，判定各三极管基极以及PNP型和NPN型；判定各三极管集电极，估计三极管β值的大小。

五、评分

评分内容	配分	评分人	
		学生	教师
明确工作（实训）任务	10		
测量前的仪表、设备、连接线、工具等准备	10		

续表

评分内容	配分	评分人	
		学生	教师
仪表接线、测量方法、操作步骤正确	20		
测量读数、填写表格、结果分析正确	20		
清理现场、恢复仪表及设备状态	10		
明确安全规程，保证仪表安全和人身安全	30		
合计			

任务二 MF500型万用表的测量线路及维修

学习目标

1.通过对MF500型万用表的测量线路的分析，理解MF500型万用表的工作原理。

2.懂一些初步的维修知识，学做常见故障的维修练习。

学习过程

一、分析MF500型万用表的测量线路

MF500型万用表的测量线路如图4-3所示。

万用表面板上设有两个多刀多投转换开关，分别为S_1（位于左边）和S_2（位于右边），如图4-3所示。分别改变开关位置就可以选择不同的测量对象和量程，包括直流电流和交、直流电压、电阻及信号电平。

1.直流电流测量电路

MF500型万用表的直流电流测量电路采用闭路式分流电路。左边多投开关S_{1-1}置于A挡时，改变右边开关S_{2-1}位置，选用不同分流电阻，就可改变电流量程为50 μA、1 mA、10 mA、100 mA、500 mA。试根据图4-3的测量线路，画出直流电流测量电路，并分析它

的工作原理。

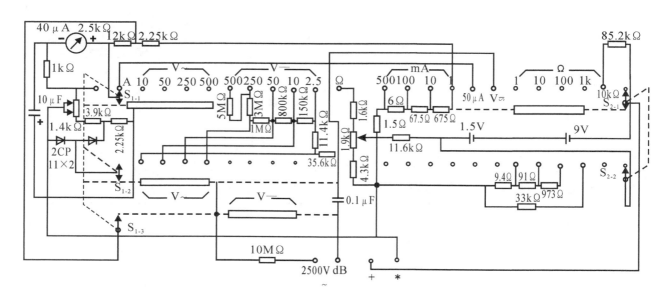

图4-3　500型万用表的测量线路

2.直流电压测量电路

　　测量直流电压时，右边多投开关S_{2-1}置于V挡，改变左边开关S_{1-1}位置，选用不同附加电阻，可改变量程为2.5 V、10 V、50 V、250 V、500 V，附加电阻采用共用式，可减少线绕电阻数量。同样根据图4-3所示电路，画出这部分测量电路，并分析它的工作原理。

3.交流电压测量电路

　　测量交流时必须加整流器，由二极管组成半波整流电路，表盘刻度反映的是交流电压的有效值。交流电压测量电路的附加电阻与直流电压测量电路共用。右边多投开关置于V挡，改变左边开关位置，可改变量程为10 V、50 V、250 V、500 V。画出这部分测量电路，并分析它的工作原理。

4.直流电阻测量电路

万用表电阻测量电路的等效电路如图4-4所示，电路总电流为

$$I=\frac{E}{R_x+R_z}$$

式中，R_x为被测电阻，R_z为电阻挡总内阻，E为电源电压。

可见，当被测电阻等于电阻挡总内阻时，电流I为该挡满偏电流的一半，指针指在刻度盘的几何中心线上，所指电阻值称为欧姆中心值。改变欧姆中心值即可改变欧姆挡量程。

MF500型万用表测电阻时，左边多投开关置于Ω挡，右边多投开关分别置于×1至×10 k挡，可改变不同量程。其中×1至×1 k挡使用1.5 V电池为电源，×10 k挡用10.5 V积层电池作电源。

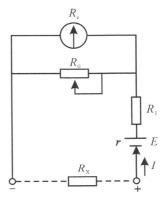

图4-4　电阻测量电路的等效图

二、实训任务：万用表常见故障及维修

1.实训设备

故障万用表、直流稳压电源、可调恒流源、三相自耦调压器、电工工具。

2.实训内容

（1）直流电流挡的故障及排除。

找一只准确度较高的毫安表或无故障的万用表作标准表，与故障表串联后去测量可调恒流源的电流。观察故障表读数，参考表4-6进行故障分析及排除。

表4-6

	故障现象	故障原因	排除方法
直流电流挡	故障表读数比标准表大得多	分流电阻开路	更换分流电阻
	故障表无读数，且直流电压2.5 V挡也无读数	表头线路开路	找出其开路的原因，并排除

（2）电压挡的故障及排除。

用故障表直流电压挡测量直流稳压电源输出电压。观察故障表电压读数，参考表4-7进行故障分析及排除。

用故障表交流电压挡测量三相调压器线电压。观察故障表电压读数，参考表4-7进行故障分析及排除。

表4-7

	故障现象	故障原因	排除方法
直流电流挡	各挡读数都偏大	万用表受潮，使分压电阻阻值变小	烘干万用表
	各挡读数都偏小，量程越高偏小越严重	分压电阻变值	调换新的分压电阻
交流电流挡	各挡均无读数	一般为整流元件损坏或测量线路中有开路现象	调换损坏的二极管，查出开路部位并修复
	各挡都有读数，但读数都减小一半	全波整流电路的一半失效，变成半波整流电路所致	调换损坏的整流元件

（3）电阻挡的故障及排除。

正常情况下，将转换开关置于R×1k挡，两表笔短路，转动欧姆调零器，指针应平稳移至零欧姆处。然后将开关依次旋至R×100、R×10、R×1各挡，指针应逐渐偏离零欧姆处，但最终都能调至零欧姆处。用故障表电阻挡测量电阻，观察故障表情况，参考表4-8进行故障分析及排除。

表4-8

	故障现象	故障原因	排除方法
电阻挡	调节欧姆调零器，指针始终调不到零，在R×1k挡更甚	说明电池电压已低于1.3 V	更换新电池
	欧姆调零器失调或调节过程中指针有跳动现象	欧姆调零电位器有故障而引起	更换或修理欧姆调零电位器
	个别挡位读数不准	通常为该挡分流电阻变值所致	更换变值的分流电阻
	各挡都不准确或都无读数	原因是电池线路开路、限流电阻开路或变值所引起	接通电池线路或更换限流电阻

3.评分

评分内容	配分	评分人	
		学生	教师
明确工作（实训）任务	10		
仪表、器件、工具准备	10		
仪表检查、维修、操作方法正确	20		
仪表故障分析正确	20		
清理现场、恢复仪表状态	10		
明确安全规程，保证仪表安全和人身安全	30		
合计			

项目五

电阻的测量

学习目标

1.熟悉直流单臂电桥的结构及使用方法，会用直流单臂电桥测量中值电阻。

2.熟悉直流双臂电桥的结构和工作原理，会用直流双臂电桥精确测量小电阻。

3.熟悉兆欧表的结构、用途和使用方法。掌握用兆欧表测量电器设备绝缘电阻的方法，能根据测量结果正确判断电气设备绝缘的情况。

4.熟悉接地电阻测试仪的结构及使用方法。会用接地电阻测试仪测量接地装置、接地电阻。

建议学时

16小时

任务一 直流单臂电桥及使用

学习目标

1.熟悉直流单臂电桥的结构及使用方法
2.能用直流单臂电桥测量电动机定子绕组电阻。

学习过程

一、认识直流单臂电桥，理解它的结构和工作原理

电桥在实际生产中应用广泛。电桥的种类很多，按照所测量的对象主要分为直流电桥和交流电桥两大类。直流电桥可分为单臂电桥和双臂电桥。

直流单臂电桥是一种常用的比较式电工仪表，其外形如图5-1所示。和万用表相比，直流单臂电桥也使用于测量1 Ω～100 kΩ的中电阻，但是其测量精确度比万用表要高得多，甚至可测量到小数点后三位的数值。直流单臂电桥采用准确度很高的标准电阻器作标准量，用比较的方法测量电阻，测量准确度很高。

图5-1　直流单臂电桥的外形图

直流单臂电桥又称惠斯登电桥，其原理电路如图5-2所示。其中R_x、R_2、R_3、R_4构成四个电桥的桥臂，R_x为被测电阻，其余三个臂连接标准可调电阻。电桥的一个对角线ac上接直流电源E，另外一个对角线bd上接检流计。测量时，调节桥臂可调电阻，使得检流计的电流为零，即b、d两点等电位，这时电桥平衡，则有

$$I_xR_x=I_4R_4$$

$$I_2R_2=I_3R_3$$

由此可得

$$R_x=\frac{R_2}{R_3}R_3$$

在实际的电桥中，R_2/R_3 的值是一个相对固定的比例系数。R_2、R_3 一起称为比例臂，R_4 称为比较臂。当电桥处于平衡时，即检流计电流为零时，被测电阻就等于比例臂电阻乘比较臂电阻的乘积。

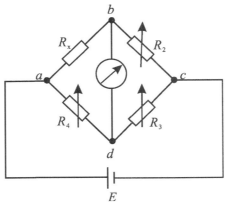

图5-2　直流单臂电桥原理电路

二、通过教师指导，学习直流单臂电桥的使用

（1）先打开检流计锁扣，再调节调零器，使指针指到零位。

（2）估计被测电阻的大小，适当的选择比例臂的比率。选择桥臂比率时，应使比较臂的各挡都能被充分利用，保证测量结果的有效数字。

（3）将被测电阻接到标有 R_x 的接线柱上，将接头拧紧，尽量减小接触电阻，提高测量的准确度。

（4）测量时，先接通检流计按钮"G"，然后再接通电源按钮"B"，如图5-3所示。反复调节比较臂的电阻，直到检流计指针指到零位，使电桥平衡为止。读出比较臂的读数，即

被测电阻=倍率×比较臂读数

图5-3　按下检流计按钮和电源按钮

（5）当测量电感线圈的直流电阻时，应先按下电源按钮，再按下检流计按钮；测量完毕，应先断开检流计按钮，再断开电源按钮，以免线圈产生的自感电动势损坏检流计。

（6）电桥使用完毕，要断开电源，拆除被测电阻，锁上检流计机械锁扣。

三、实训任务：用直流单臂电桥测量电动机定子绕组

1.实训器材

直流单臂电桥、万用表、三相异步电动机、钳工工具等。

2.实训内容

三相异步电动机中三相定子绕组的匝数必须完全相同。实际三相定子绕组烧制完成后，都要先用直流单臂电桥精确测量直流电阻是否相等，以判断三相绕组是否完全对称。

（1）打开三相异步电动机的接线盒，用万用表的R×1挡或R×10挡估测被测电阻的大致范围，分别测出三相绕组U1U2、V1V2、W1W2的电阻值，并将测量结果填入表5-1中。

（2）根据估测电阻值选择单臂电桥的比例臂。被测绕组接入电桥时，应采用较粗较短的导线连接，并将接头拧紧，见图5-4。

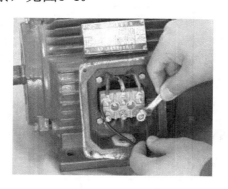

图5-4　单臂电桥测量定子绕组

（3）先测U相绕组线圈的直流电阻。注意避免被测线圈的自感电动势损坏检流计，测量时先按下电源按钮，再按下检流计按钮；测量完毕时，先断开检流计按钮，再断开电源按钮。

（4）反复调节比较臂电阻，直至检流计指针不动为止。此时，被测电阻等于比例臂电阻与比较臂电阻的乘积。

用同样方法测量V相、W相绕组的电阻，并将测量结果填入表5-1中，对照三相绕组是否对称。

表5-1

测量仪表＼被测电阻	U相绕组	V相绕组	W相绕组	绕组对称否
万用表				
单臂电桥				

3.清理现场

测量完毕，将直流单臂电桥、万用表及工具整理好，三相异步电动机接线盒恢复原状。

4.评分

评分内容	配分	评分人	
		学生	教师
明确工作（实训）任务	10		
测量前的仪表、设备、连接线、工具等准备	10		
仪表接线、测量方法、操作步骤正确	20		
测量读数、填写表格、结果分析正确	20		
清理现场、恢复仪表及设备状态	10		
明确安全规程，保证仪表安全和人身安全	30		
合计			

任务二 直流双臂电桥及使用

学习目标

1.熟悉直流双臂电桥的结构和工作原理，

2.能用直流双臂电桥精确测量小电阻。

学习过程

一、认识直流双臂电桥，理解它的结构和工作原理

直流双臂电桥又称为凯文电桥，其外形如图5-5所示。

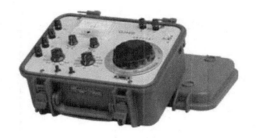

图5-5　直流双臂电桥图

直流双臂电桥是专门精密测量1 Ω以下小电阻的仪器。与直流单臂电桥相比，能够消除接线电阻和接触电阻对测量结果的影响。其原理电路如图5-6所示。R_1、R_2、R_3、R_4是桥臂电阻，分别把电位端钮P_{n1}、P_{n2}、P_{x1}、P_{x2}的接触电阻和接线电阻接在其中；R为导线电阻，分别把电流端钮C_{n1}、C_{n2}、C_{x1}、C_{x2}的接触电阻和接线电阻接在其中；R_x和R_n分别是被测电阻和标准电阻，而且是四个端钮结构的小电阻。可以证明，这种接线方式消除了接触电阻和导线电阻的影响，电桥平衡时，有

$$R_x = \frac{R_2}{R_1} R_n$$

实际测量时，R_2/R_1和R_n制成相应的旋钮和读数盘，调节倍率R_2/R_1和标准电阻R_n，使得检流计指零，被测电阻即为倍率与R_n读数的乘积。

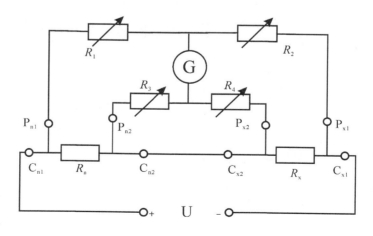

图5-6　直流双臂电桥原理电路

二、通过教师指导，学习直流双臂电桥的使用方法

（1）先打开检流计锁扣，再调节机械调零器，使指针指到零位。

（2）连接线路，被测电阻的电位接头P_1、P_2的引线应比电流接头C_1、C_2的引线更靠近被测电阻。连接线应选用直径较粗、长度较短的导线，接头要接触紧密。没有电位接头和电流接头的被测电阻，在接线时应自行引出四个接头，使两电位接头处在两电流接头的内侧。正确接法如图5-7(a)所示,图5-7(b)为错误接法。

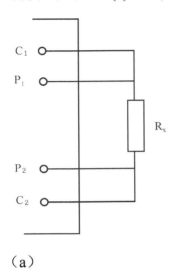
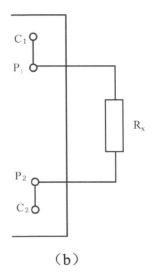

（a）   （b）

图5-7　被测电阻接线示意图

（3）估计被测电阻的大小，选择适当的比率。在检流计灵敏度最小的情况下，先按"G"按钮，再按"B"按钮，调节R_n读数盘使检流计指零，然后增加"灵敏度"，重复以上调节，使检流计精确指零。

（4）读数：被测电阻=比率×读数盘读数。

（5）注意测量要迅速，尽量少按"B"按钮，减少电池消耗，减少被测电阻发热。当测量线圈电阻时，防止线圈自感电势造成检流计损坏。

三、实训任务：用直流双臂电桥测量电阻箱的指定电阻

1.实训设备

直流双臂电桥、电阻箱等。

2.实训内容

（1）按表5-2的要求，分别调节好电阻箱的阻值。

（2）每调节一次电阻箱的阻值，都用直流双臂电桥验证该阻值，并将电桥倍率值、

读数盘读数和电阻测量值填入表5-2中。

表5-2

测量数据 电阻箱阻值	倍率值	读数盘读数	被测电阻
0.1 Ω			
2 Ω			
10 Ω			

（3）在教师指导下，根据测量结果，分析测量误差及误差产生的原因。

3.清理现场

测量完毕，将直流双臂电桥、电阻箱接线整理好，恢复原状。

4.评分

评分内容	配分	评分人	
		学生	教师
明确工作（实训）任务	10		
测量前的仪表、设备、连接线、工具等准备	10		
仪表接线、测量方法、操作步骤正确	20		
测量读数、填写表格、结果分析正确	20		
清理现场、恢复仪表及设备状态	10		
明确安全规程，保证仪表安全和人身安全	30		
合计			

任务三 兆欧表及使用

学习目标

1.熟悉兆欧表的结构、用途和使用方法。
2.会用兆欧表测量电器设备绝缘电阻，能根据测量结果正确判断电气设备绝缘的情况。

学习过程

一、认识兆欧表，理解它的结构和工作原理

兆欧表是一种专门用来检测电气设备绝缘电阻的便携式仪表，又称摇表。兆欧表的用途非常广泛，实际生产中主要用来测量电机、电缆、变压器和其它电气设备的绝缘电阻。

兆欧表主要由手摇直流发动机、磁电系比率表及测量线路组成。手摇直流发动机的额定电压有250 V、500 V、1000 V、2500 V等几种。磁电系比率表的主要构造是一个永久磁铁和两个彼此相差一定角度、固定在同一转轴上的线圈。如图5-8所示。当线圈通以电流时，两个线圈受电磁力作用，一个线圈产生转动力矩，一个线圈产生反作用力矩，两力矩相等时，指针可动部分平衡，指针偏转角与两线圈中电流比值有一定函数关系，即

$$\alpha = f\left(\frac{I_1}{I_2}\right)$$

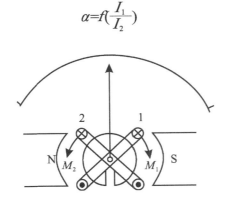

图5-8　磁电系比率表结构示意图

利用比率表制成的兆欧表的原理电路如图5-9所示。由图可以看出，流过可动线圈1的电流 I_1 为

$$I_1=\frac{U}{R_x+R_1}$$

流过可动线圈2的电流为

$$I_2=\frac{U}{R_2}$$

带入偏转角公式，则

$$\alpha=F\left(\frac{I_1}{I_2}\right)=F\left(\frac{R_2}{R_x+R_1}\right)$$

由上式可以看出，兆欧表的指针偏转角直接反映被测电阻的大小。

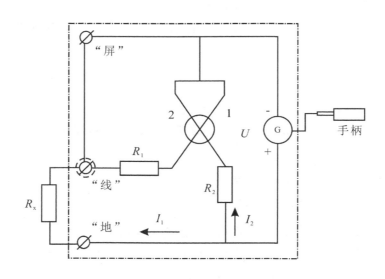

图5-9　兆欧表的原理电路

二、通过教师指导，学会兆欧表的接线和使用方法

（1）测量前要切断被测设备的电源，并将设备与大地接通，进行充分放电，以防止发生人身和设备事故。

（2）测量前要检查兆欧表是否良好，对兆欧表进行开路和短路试验。将L端和E端分开，摇动手柄，使发电机达到120 r/min的额定转速，指针应指在标尺"∞"的位置；再短接L端和E端，慢慢摇动手柄，指针应指在标尺"0"位置。如果指针不能指在相应位置，表明兆欧表内部有故障，必须检修后才能使用。

（3）必须正确接线。兆欧表的接线端钮有3个，分别标有G（屏弊）、L（线路）、E（接地）。一般被测绝缘电阻都接在"L""E"端之间，但当被测绝缘体表面漏电严重时，必须将被测物的屏蔽环或不需测量的部分与"G"端相连接。正确的接法是："L"端钮接被测设备导体，"E"端钮接地的设备外壳，"G"端钮接被测设备的绝缘部分。

（4）测量时，手柄转速要均匀，要保持在120 r/min的稳定转速。通常要摇动1 min，等指针稳定下来后再读数。在测量电容器、电缆、大容量变压器和电机时，读数后不能立即停止摇动兆欧表，应一边降低转速一边拆去接线，以免被测物对兆欧表放电，损坏兆欧表。

（5）测量完毕，应对被测设备进行充分放电。拆线也不可直接接触裸露的导电部分，以免发生触电事故。

（6）不能在雷电时或附近有高压导体的设备上测量绝缘电阻。

三、实训任务：用兆欧表测量三相异步电动机的绝缘电阻

1.实训设备

兆欧表、三相交流电动机。

2.实训内容

（1）根据被测量三相电动机的额定电压和绝缘电阻范围选择兆欧表。当被测量设备的额定电压在500 V以下时，选用500 V或1000 V的兆欧表；而额定电压在500 V以上的被测设备，选用1000 V或2500 V兆欧表。

（2）打开三相电动机的接线盒，将三相绕组分开。

（3）正确进行兆欧表的开路实验和短路实验。

（4）分别测量电动机三相绕组对地绝缘电阻，将测量结果填入表5-3中。

（5）再测量电动机每两相之间（如UV相、VW相、WU相）的绝缘电阻，并将测量结果填入表5-3的空格中。通常相间绝缘电阻大于0.5 MΩ为合格。

表5-3

测量结果　　绝缘电阻	U相绕组			绕组对称否		
	U相	V相	W相	UV相	VW相	WU相
第一次						
第二次						

（6）根据测量结果判断三相异步电动机的绝缘电阻是否合格。

3.清理现场

测量完毕，将兆欧表接线整理好，电动机接线盒恢复原状。

4.评分

评分内容	配分	评分人	
		学生	教师
明确工作（实训）任务	10		
测量前的仪表、设备、连接线、工具等准备	10		
仪表接线、测量方法、操作步骤正确	20		
测量读数、填写表格、结果分析正确	20		
清理现场、恢复仪表及设备状态	10		
明确安全规程，保证仪表安全和人身安全	30		
合计			

任务四 接地电阻测试仪及使用

学习目标

1.熟悉接地电阻测试仪的结构及使用方法。

2.会用接地电阻测试仪测量接地装置接地电阻，培养必要的安全意识。

学习过程

一、学习接地电阻测试仪的结构及工作原理

接地电阻测试仪主要用于测量电气设备接地装置、避雷针装置的电阻，即接地电阻。其外形如图5-10所示。

接地电阻是指埋入地下的接地体电阻和土壤散流电阻，通常采用ZC型接地电阻测量仪（或称接地电阻摇表）进行测量。ZC-8型接地电阻测试仪由手摇发电机、电流互感器、滑线电阻及检流计等组成，外有皮壳便于携带。附件有接地探测棒两支、导线三根，装于附件袋内。ZC-8型接地电阻测试仪的原理电路如图5-11所示。

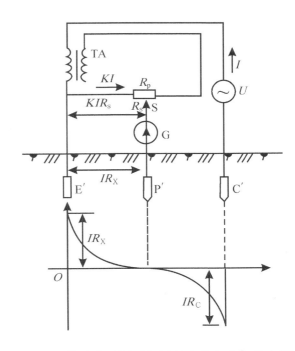

图5-10　接地电阻测试仪

5-11　接地电阻测试仪原理电路和电位分布图

图中E′为接地体，P′为电位探极，C′为电流探极，它们各自连接测试仪的E、P1、C1端钮。电位探极和电流探极分别插入距离接地体不小于20 m和40 m的土壤中，实际接地电阻R_x接于E′和P′之间。

手摇交流发电机手柄，发电机输出交流电流I经电流互感器的一次侧→接地体E′→大地→电流接地极C′→手摇交流发电机，构成一个闭合回路。一般认为，距接地体E′20 m处电流密度为零，电位也等于零。电流I流过接地电阻R_x时产生的压降为IR_x，同样，电流流过R_c也会产生压降I_{RC}，电位分布如图5-11所示。若电流互感器的变比为K，其二次电流为KI，流过电位器R_p时产生的压降为KIR_s。调节电位器使检流计指针指零，则有

$$IR_x=KIR_s$$

$$R_x=KR_s$$

上式说明，被测的接地电阻可由电流互感器的变比K和电位器的电阻R_s所决定，而与R_c无关。用上述原理测量接地电阻的方法称为补偿法。

二、在教师指导下，学习接地电阻测试仪的使用

1.使用前的准备工作

（1）熟读接地电阻测量仪的使用说明书，全面了解仪器的结构、性能及使用方法。

（2）备齐测量时所必须的工具及全部仪器附件，并将仪器和接地探针擦拭干净，特

别是接地探针，一定要将其表面影响导电能力的污垢及锈渍清理干净。

（3）将接地干线与接地体的连接点或接地干线上所有接地支线的连接点断开，使接地体脱离任何连接关系成为独立体。

2.使用方法和步骤

（1）将两个接地探针沿接地体辐射方向分别插入距接地体20 m、40 m的地下，插入深度为0.4 m。

（2）用导线将接地体E′与三端钮测试仪的E（四端钮测试仪的C_2和P_2）相连，电位探极P′与测试仪的P_1相连，电流探极C′与端钮C1相连，接线方式如图5-12所示。

（3）将测量仪水平放置后，检查检流计的指针是否指在中心线，否则调节"零位调整器"使测量仪指针指在中心线上。

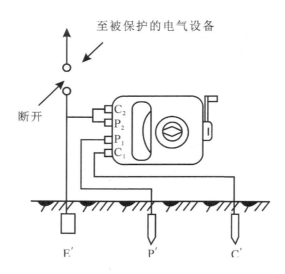

图5-12　接地电阻测试使用

（4）将"倍率"置于最大倍数，并慢慢地转动发电机转柄，同时旋动"测量标度盘"使检流计指针接近于中心线。此时加快摇动转柄，使转速达到120 r/min以上，同时调整"测量标度盘"，使指针指在中心线上。

（5）若"测量标度盘"的读数过小（小于1）不易读准确时，说明倍率过大。此时应将"倍率"减小，重新调整"测量标度盘"，使指针指在中心线上，并读出接地电阻值，即

$$接地电阻＝倍率×测量标度盘读数$$

三、实训任务：测量变压器接地装置的接地电阻

1.实训器材

接地电阻测试仪一套，变压器接地装置一套。

2.实训内容

学生几个人一组进行实验，一定要注意安全操作。用接地电阻测试仪测量变压器接地装置接地电阻的示意图如图5-13所示。

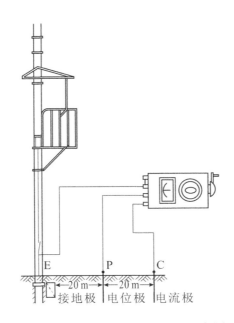

E   P   C
├─20 m─┼─20 m─┤
接地极 电位极 电流极

图5-13　接地电阻测试仪使用示意图

（1）先进行停电作业，再拆开接地干线与接地体的连接点。

（2）用锤子将两探极夯入土壤中，且使两根探针与接地极在一条直线上，即处在同一方向上，相互之间相差20 m。

（3）仪表远离电场。将仪表放平，用调零器将指针调整于中心线上。

（4）用连接线分别将接地极、电位探极、电流探极与仪表端钮相连，用鳄鱼夹使连接线与探针保持接触良好。

（5）根据被测电阻选好倍率，测量并读取接地电阻的数值。

（6）测量完毕后，将探针拔出并擦干净，将导线整理好以便下次使用。

3.注意事项

（1）禁止在有雷电或被测物带电时进行测量。

（2）为了保证所测接地电阻值的可靠，应改变方位进行复测。取几次测得值的平均值作为接地体的接地电阻。

4.评分

评分内容	配分	评分人	
		学生	教师
明确工作（实训）任务	10		
测量前的仪表、设备、连接线、工具等准备	10		
仪表接线、测量方法、操作步骤正确	20		
测量读数、结果分析正确	20		
清理现场、恢复仪表及设备状态	10		
明确安全规程，保证仪表安全和人身安全	30		
合计			

电功率的测量

学习目标

1.熟悉电动系测量机构的作用原理和特点。

2.理解单相电动系功率表的工作原理，能掌握功率表正确使用和接线方法。

3.能根据具体测量任务，用单相功率表测量三相交流电路的有功功率。

4.知道三相有功功率表的结构，会三相功率表的接线和使用。

建议学时

12小时

任务一 电动系测量机构

学习目标

1.熟悉电动系测量机构的结构和作用原理。

2.会分析总结磁电系测量机构的优点和缺点。

学习过程

一、认识电动系测量机构，学习它的结构和工作原理

电动系测量机构由固定线圈和可动线圈组成。固定线圈分为两个部分平行排列，其间的磁场比较均匀。可动线圈的转轴上装有指针和空气阻尼器的阻尼片。电动系测量机构如图6-1所示。

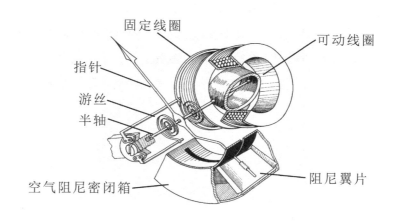

图6-1 电动系测量机构的结构

当固定线圈中通过电流I_1时，将产生磁场，同时在可动线圈中通过电流I_2，可动线圈将在固定线圈的磁场受电磁力的作用，产生转动力矩，使可动部分发生偏转，如图6-2所示。随着可动部分的偏转，游丝产生的反作用力矩增加，直至与转动力矩平衡，指针停在某一固定位置。如果I_1、I_2同时改变方向，用左手定则判断可知，转动力矩的方向不会改变，所以电动系仪表既能测量直流电，又可测量交流电。

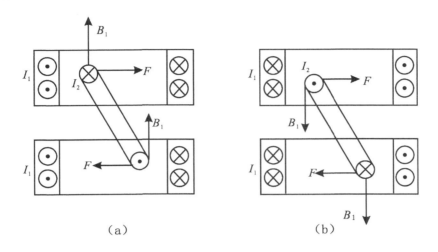

（a）　　　　　　　　（b）

图6-2　转动力矩的产生

电动系仪表测量直流电时，转动力矩M与电流I_1和I_2的乘积成正比，即

$$M = K_1 I_1 \cdot I_2$$

转动力矩和反作用力矩平衡时，有

$$K_1 I_1 \cdot I_2 = D\alpha$$

$$\alpha = \frac{K_1}{D} I_1 I_2 = K \cdot I_1 I_2$$

电动系仪表测量交流电时，转动力矩的平均值为

$$M = K_1 I_1 \cdot I_2 \cdot \cos\varphi$$

根据力矩平衡条件，可得

$$\alpha = K I_1 \cdot I_2 \cdot \cos\varphi$$

式中，$\cos\varphi$是电流I_1、I_2相位差的余弦。

二、在教师指导下，总结磁电系测量机构的优点和缺点

（1）电动系测量机构可以交直流两用，能构成多种线路测量多种参数。比如，电动系电流表通常做成双量程的便携式仪表，它的标度尺的刻度会有什么规律？为什么？

（2）为什么电动系仪表易受外磁场干扰？

任务二 单相电动系功率表

学习目标

1.明确单相电动系功率表的组成及原理。
2.能合理选择功率表的量程，能掌握功率表的使用和接线方法。

学习过程

一、学习单相电动系功率表的组成及原理

单相电动系功率表由电动系测量机构和分压电阻组成，其原理电路如图6-3所示，功率表的符号和接线见图6-4。把匝数少、导线粗的固定线圈与负载串联，称为功率表的电流线圈；把匝数多、导线细的可动线圈与负载并联，称为功率表的电压线圈。由于电压支路中附加电阻比较大，在工作频率不太高时，动圈的感抗可以忽略不计。因此，可以近似认为电流I_2与负载电压U同相，I_1与I_2之间的相位差就等于I_1与U之间的相位差φ。于是有

$$\alpha=KI_1I_2\cos\varphi=KI\frac{U}{R}\cos\varphi=K_pP$$

即指针偏转角与被测负载有动功率成正比。

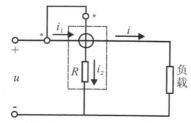

图6-3 单相电动系功率表的原理电路

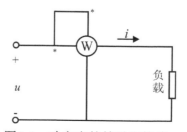

图6-4 功率表的符号和接线

综上所述，电动系功率表不论用于直流或交流电路的功率测量，其可动部分偏转角均与被测电路的功率成正比。因此电动系功率表的标度尺刻度是均匀的。功率表的标度尺只有一条，如图6-5所示。

图6-5　功率表的标度尺

二、结合实物，学会功率表的选择和使用

1.正确选择功率表的量程

功率表有三种量程：电流量程、电压量程和功率量程。

电流量程I_N：是串联回路允许通过的最大工作电流。

电压量程U_N：是并联支路允许的最高工作电压。

功率量程P_N：是电流量程与电压量程的乘积，相当于$\cos\varphi = 1$时的功率值。

比如 D19-W型功率表的电流量程为5/10 A，电压量程为150/300 V，其功率量程有：

$$P_1=5\times150=750 \text{ W}$$

$$P_2=10\times150=1500 \text{ W 或} 5\times300=1500 \text{ W}$$

$$P_3=10\times300=3000 \text{ W}$$

要正确地选择功率表的量程,也就是正确地选择功率表的电流量程和电压量程,所选功率表的电流量程及电压量程不应小于负载的工作电流及工作电压。

在使用功率表时，通常还要用电流表、电压表去监视被测电路的电流和电压，使之不超过功率表的电流量程和电压量程，确保仪表安全可靠地运行。

2.功率表的接线必须遵守"发电机端"守则

"发电机端"守则的内容是：保证电流从电流线圈的"*"端流入，电流线圈与负载串联。保证电流从电压线圈的"*"端流入，电压线圈支路与负载并联。

如果功率表的接线正确，但指针却反转，这是因为负载端实际含有电源，反过来向外输出功率。此时应将电流端钮换接。

3.功率表接线方式的正确选择

功率表有两种不同的接线方式,即电压线圈前接和电压线圈后接,如图6-6所示。

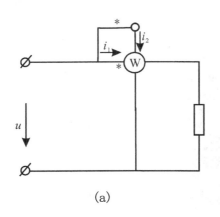
(a)

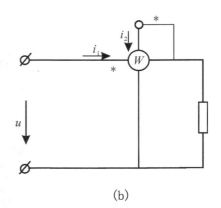
(b)

图6-6　功率表的接线方式

图6-6（a）为电压线圈前接法，适用于负载阻抗远大于电流线圈阻抗。图6-6（b）为电压线圈后接法，适用于负载阻抗远小于电流线圈阻抗。

4.功率表的读数

功率表的标度尺只有一条，选用不同功率量程时，标度尺的每一分格所表示的功率值不同。通常把每一分格所表示的瓦特数称为功率表的分格常数，用C表示，则

$$C = I_N U_N / \alpha_m$$

式中，I_N为电流量程，U_N为电压量程，α_m为标尺满刻度格数。

被测功率为

$$P = C \cdot \alpha_m$$

三、查阅相关资料，完成以下练习

（1）为什么电压线圈前接法适用于负载电阻远比电流线圈电阻大得多的情况，电压线圈后接法适用于负载电阻远比电压支路电阻小得多的情况？

（2）有一感性负载，额定功率为400 W，额定电压为220 V，功率因数为0.75。现用 D19-W型功率表（电流量程为2.5/5 A，电压量程为150/300 V），去测量该负载实际消耗的功率。试选择功率表的量程。用此量程测量时，功率表的分格常数是多少？

（3）如果被测电路功率大于功率表量程，则必须加接电流互感器与电压互感器扩大其量程。试完成图6-7中功率表、电流表、电压表与互感器的连接。

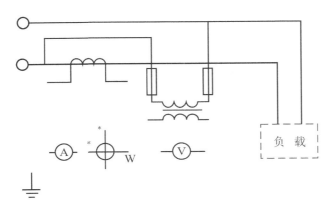

图6-7　用电流互感器与电压互感器扩大功率表量程

1.会用单相功率表测量三相交流电路的功率，掌握一表法、两表法、三表法的使用范围、正确接线和读数方法。

2.了解三相有功功率表的结构，掌握三相功率表的测量接线。

学习过程

一、学会用单相功率表测量三相电路的有功功率

按照电源和负载的连接方式分，三相交流电路分为三相三线制和三相四线制两种。用单相功率表测量三相电路的有功功率的方法有如下几种：

1.一表法

一表法适合测量三相对称负载的有功功率，接线方式如图6-8所示。显然，三相负载的总功率等于功率表读数的三倍。即

$$P_\Sigma = 3 \times P$$

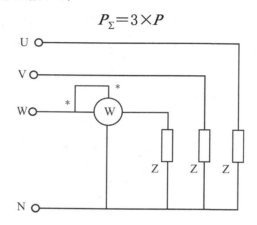

图6-8　一表法测量三相对称负载功率

2.两表法

两表法适合测量三相三线制电路的有功功率，不论负载是否对称。两表法接线方式如图6-9所示。接线时应使两只功率表的电流线圈串联接入任意两线，通过的电流为三相电路的线电流；而两功率表的电压支路的发电机端必须接至电流线圈所在线，另一端同时接至没有电流线圈的第三线上。可以证明，三相总功率等于两表读数之和

$$P_\Sigma = P_1 + P_2$$

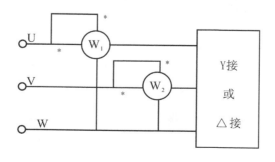

图6-9　两表法测量三相三线制电路的功率

实践中发现，两功率表的读数随负载功率因数不同而变化。当负载的功率因数大于0.5时，两功率表读数相加即是三相总功率；当负载的功率因数小于0.5时，将有一只功率表的指针反转，此时应将该表电流线圈的两个端钮反接，使指针正向偏转，该表的读数应为负，三相总功率就是两表读数之差。

3.三表法

在三相四线制电路中，不论其对称与否，都可以利用三只功率表测量出每一相电路的功率，接线如图6-10所示。三个功率表读数相加即为三相总功率

$$P_\Sigma = P_1 + P_2 + P_3$$

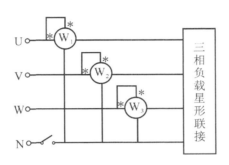

图6-10　三表法测量三相四线制电路的功率

二、学习三相有功功率表结构及测量接线

三相有功功率表的工作原理与单相功率表相同，在结构上分二元件三相功率表和三元件三相功率表。二元件三相功率表是根据两表法原理构成的，它有两个独立单元，每一个单元就是一个单相功率表，这两个单元的可动部分固定在同一转轴上，测量时的读数取决于这两个独立单元共同作用的结果。二元件三相功率表适合于测量三相三线制交流电路的功率，内部线路如图6-11所示；它的面板上有7个接线端钮，接线时应遵守"发动机端"原则，如图6-12所示。

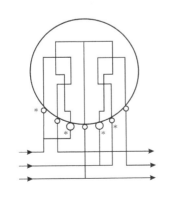

图6-11　二元件三相功率表内部线路

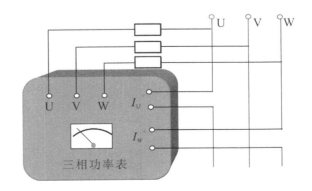

图6-12　二元件三相功率表接线示意图

将三只单相功率表的可动线圈装在一个公共转轴上即组成三元件的三相功率表，用于测量三相四线制交流电路的功率。其公共转轴的转矩直接反映三相总功率，因此可从标尺上直接读出三相功率。

三、实训任务：三相负载有功功率的测量

1.实训设备

电工实验台、三相电路实验板、单相功率表等。

2.实训内容

（1）用白炽灯作负载，对称负载三相四线制星形连接时，分别用一表法和三表法测量负载功率，计算总功率，并将测量数据填入表6-1。比较两次测量结果。

（2）用白炽灯作负载，不对称负载三相四线制星形连接时，分别用一表法和三表法测量负载功率，计算总功率，将测量数据填入表6-1。比较两次测量结果。

（3）用白炽灯作负载，对称负载三角形连接时，分别用一表法和二表法测量负载功率，计算总功率，将测量数据填入表6-1。比较两次测量结果。

（4）用白炽灯作负载，不对称负载三角形连接时，分别用一表法和二表法测量负载功率，计算总功率，将测量数据填入表6-1。比较两次测量结果。

表6-1

负载连接	测量接线	一表法		二表法			三表法			
		P_1	P_Σ	P_1	P_2	P_Σ	P_1	P_2	P_3	P_Σ
三相四线制	对称									
	不对称									
三角形连接	对称									
	不对称									

3.分析数据

将测量所得数据进行分析比较，谈谈测量三相电路功率的体会，分析误差原因。

4.评分

评分内容	配分	评分人	
		学生	教师
明确工作（实训）任务	10		
测量前的仪表、设备、连接线、工具等准备	10		
仪表接线、测量方法、操作步骤正确	20		
测量读数、填写表格、结果分析正确	20		
清理现场、恢复仪表及设备状态	10		
明确安全规程，保证仪表安全和人身安全	30		
合计			

项目七

电能的测量

1.熟悉感应系电能表的结构，理解感应系电能表的工作原理。学会单相电能表的选择和正确接线。

2.明确三相有功电能的测量特点，理解三相有功电能表的工作原理。学会三相电能表的正确接线。

3.了解电子式电能表的结构原理和性能。

10小时

任务一 感应系电能表

学习目标

1.熟悉感应系电能表的结构，理解感应系电能表的工作原理。

2.结合实践，学会单相电能表的选择和正确接线。

学习过程

一、认识电能表及感应系电能表的结构

测量电能的仪表叫电能表。各种电能表的外形见图7-1所示。按所测电能的种类，电能表分为有功电能表、无功电能表、直流电能表三种；按相别及接线方式，电能表分为单相表、三相三线表和三相四线表；按接入电压等级，电能表分为高压表、低压表两种；按电流测量范围，电能表分为直接接入式($I_b \leq 50$ A)和经电流互感器接入两种；按结构原理，电能表又分为感应式、机电一体式和全电子式。

（a）

（b）

（c）

图7-1　各种电能表的外形

感应系电能表的结构如图7-2所示。主要组成部分有驱动元件、转动元件、制动元件和计度器。

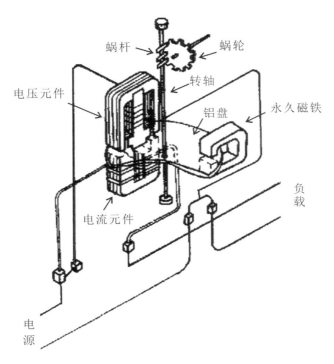

蜗杆　蜗轮　转轴　电压元件　永久磁铁　铝盘　负载　电流元件　电源

图7-2　感应系电能表的结构

1.驱动元件

它是由电压元件和电流元件组成，用来产生转动力矩。电压元件是指在E字形铁芯上绕有匝数多且导线截面较小的线圈，该线圈在使用时与负载并联，称电压线圈。电流元件是指在U形铁芯上绕有匝数少且导线截面较大的线圈，该线圈使用时要与负载串联，称电流线圈。

2.转动元件

它由铝盘和转轴组成，转轴上装有传递铝盘转数的蜗杆。仪表工作时，驱动元件产生的转动力将驱使铝盘转动。

3.制动元件

它由永久磁铁组成，用来在铝盘转动时产生制动力矩，使铝盘的转速与被测功率成正比。

4.计度器（也称积算机构）

计度器用来计算铝盘的转数，实现累计电能的目的，其结构如图7-3所示。

包括装在转轴上的齿轮、滚轮以及计数器等。电能表最终通过计数器直接显示出被测电能的数值。

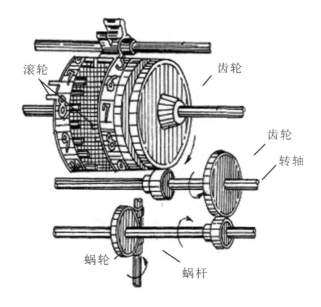

图7-3　计度器机构

二、学习感应系电能表的工作原理

感应系电能表的原理接线见图7-4。

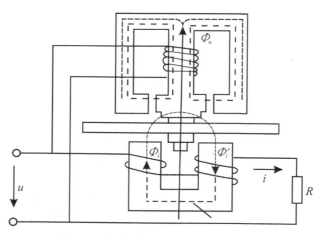

图7-4　感应系电能表的原理接线图

电压线圈与负载并联，电流线圈与负载串联。当交流电通过电压线圈时，在电压元件铁芯中产生交变磁通Φ_u，这一磁通经过伸入铝盘下部的回磁板穿过铝盘构成磁回路，并在铝盘上产生感应电流（涡流）。交流电流通过电流线圈时，会在电流元件铁芯中产生交变磁通，这一磁通过铁芯柱的一端穿出铝盘，又经过铁芯柱的另一端穿入铝盘，构成闭合的磁路，同样在铝盘上产生感应电流。随着负载电压的变化，各工作磁通随时间变化的关系曲线如图7-5所示，这个移进磁场与转盘上的感应电流作用，产生了驱动力矩，带动转盘向移进磁场的方向移动，即从相位超前的磁通位置移向相位滞后的磁通位置。同时，铝盘上的涡流也与制动永久磁铁产生的磁场相互作用，产生制动力矩，制动力矩的大小是随铝盘转速的增大而增大的，与铝盘转速成正比。只有当制动力矩与转动力矩平衡时，铝盘才能匀速转动。

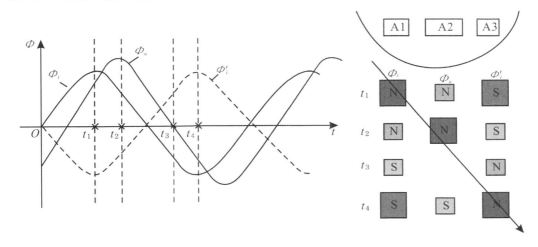

图7-5　移进磁场

可以证明，铝盘的转速与负载的功率成正比，负载功率越大，铝盘转速越快，即

$$P=Cn$$

式中，P为负载功率，n为铝盘的转速，C为比例常数。

如果转动时间为T，且保持功率不变，则被测负载在T时间内所消耗的电能为

$$PT=CnT$$

$$W=CN$$

式中，W为负载消耗的电能，N为铝盘的转数，C为电能表常数。

电能表常数表示电能表对应于每千瓦时（kW·h）的铝盘转数，通常标注在电能表的铭牌上。

三、了解电能表的参数

1.基本电流

指的是确定电能表有关特性的电流值，也称标定电流值，由启动电流决定。最大额定电流是电能表长期工作，而且误差与温升完全满足技术条件的最大电流值。如5(20)A，10(40)A，3×1.5(6)A等。

2.参比电压值

指的是确定电能表有关特性的电压值，单相表为220V；低压三相表为3×

220 V/380 V；高压三相3×100 V或3×100 /V（经互感器）。

3.电能表常数

用 C 表示，它是电能表计度器的指示数和转盘转数之间的比例值，如A＝400 r/（kW·h）的意义是用户每消耗1 kW·h电能，对应于转盘转400圈。

4.准确度等级

国家标准规定，有功电能表分1.0和2.0级两种。

5.潜动

指负载电流为零时，铝盘仍轻微转动的现象。按规定，负载电流为零时，电压为额定电压的80%到110%时，铝盘的转动不超过一圈。

四、结合实物演示，领会单项电能表的使用方法

1.电能表的选择

根据测量对象是单相负载还是三相负载，选用单相或三相电能表。选择电能表时，应使其额定电压与负载的工作电压相符，而电能表的额定电流应大于或等于负载的最大电流。

2.电能表的接线

应遵守"发电机端"守则，即将电能表的电流线圈和电压线圈带"*"的一端，一起接到电源的同一极性端上。电能表有专门的接线盒，电流和电压线图的发电机端，出厂时已连好，所以通常电能表是不会反转的。为了便于安装配线，接线盒引出四个端子，即火线"入"—"出"，零线"入"—"出"。配线时应遵守："入"端接电源侧，"出"端接负载侧，见图7-6。另外应将电流线圈接于火线，而不准接于零线。

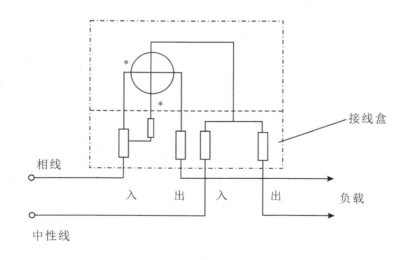

图7-6　电能表的接线

3.电能表的读数

如果电能表不经互感器直接接入线路，可以从电能表直接读得实际电度数。如果电能表利用电压互感器和电流互感器扩大量程时，则应考虑电流互感器和电压互感器的电流变化和电压变化。有的电能表上标有 10×千瓦小时"，"100×千瓦小时"等字样，表示应将电能表读数乘上10或100才能求得实际电度数。

五、实训任务：单相电能表的接线

1.实训设备

单相电能表、单相刀开关、熔断器、电源开关、螺口灯座、硬导线等。

2.实训内容

（1）画出单相电能表的接线图。

（2）进行元件布局，要求布局合理美观。

（3）按原理接线图接线，接线要安全可靠，安装符合从上到下、从左到右的要求。

（4）检查线路正确无误后，在教师监护下进行通电试验。先接通总电源开关，再接通刀开关，最后闭合灯开关。灯亮，电度表铝盘即缓慢转动。

（5）结束时，先断开灯开关，再断开刀开关，最后断开总灯开关。

（6）清理现场，将仪表、器材恢复整齐。

3.评分

评分内容	配分	评分人	
		学生	教师
明确工作（实训）任务	10		
测量前的仪表、设备、连接线、工具等准备	10		
仪表接线、测量方法、操作步骤正确	20		
测量读数、填写表格、结果分析正确	20		
清理现场、恢复仪表及设备状态	10		
明确安全规程，保证仪表安全和人身安全	30		
合计			

任务二 三相有功电能的测量

学习目标

1.熟悉三相有功电能表的结构，理解三相有功电能表的工作原理。

2.结合实践，学会三相有功电能表的选择和正确接线。

学习过程

一、认识和学习三相有功电能表

三相电能表用于测量三相交流电路中电源输出（或负载消耗）的电能。它的工作原理与单相电能表完全相同，只是在结构上采用多组驱动部件和固定在转轴上的多个铝盘的方式，以实现对三相电能的测量。

根据被测电能的性质，三相电能表可分为有功电能表和无功电能表，由于三相电路的接线形式的不同，又有三相三线制和三相四线制之分。

1.三相四线制有功电能表

三相四线制有功电能表与单相电能表不同之处，是它由三个驱动元件和装在同一转轴上的三个铝盘所组成，它的读数直接反映了三相所消耗的电能。也有些三相四线制有功电能表采用三组驱动部件作用于同一铝盘的结构，这种结构具有体积小，重量轻，减小了摩擦力矩等优点，有利于提高灵敏度和延长使用寿命等。但由于几组电磁元件作用于同一个圆盘，其磁通和涡流的相互干扰不可避免地加大了，为此，必须采取补偿措施，尽可能加大每组电磁元件之间的距离，因此，转盘的直径相应的要大一些。三相四线电能表的接线如图7-7所示。

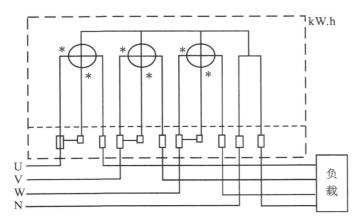

图7-7　三相有功电度表的接线

2.三相三线制有功电能表

三相三线制有功电能表采用两组驱动部件作用于装在同一转轴上的两个铝盘（或一个铝盘）的结构，其原理与单相电能表完全相同。

二、实训任务：三相有功电能表的接线

1.实训设备

三相四线电能表、三相三线电能表、电流互感器、接线端子排、三相低压断路器、磁插式熔断器、接地接线柱、硬导线等。

2.实训内容

（1）阅读三相四线电能表相关知识，画出三相四线电能表的接线图。

（2）按接线图进行元件布局，要求布局合理美观。

（3）按原理接线图接线，接线要安全可靠，安装符合从上到下、从左到右的要求。

（4）三相三线电能表配以电流互感器和电压互感器的原理接线图如图7-8所示，先看懂接线图。

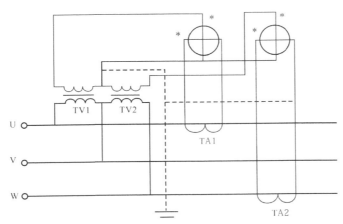

图7-8　二元件电度表配以互感器的接线图

（5）按原理接线图进行元件布局并接线，接线要安全可靠，布局要合理。

（6）清理现场，将仪表、器材恢复整齐。

3.评分

评分内容	配分	评分人	
		学生	教师
明确工作（实训）任务	10		
测量前的仪表、设备、连接线、工具等准备	15		
仪表接线、测量方法、操作步骤正确	30		
清理现场、恢复仪表及设备状态	15		
明确安全规程，保证仪表安全和人身安全	30		
合计			

任务三 电子式电能表

学习目标

1.了解电子式电能表的结构和工作原理。

2.知道感应式电能表和电子式电能表的性能差异。

学习过程

一、学习电子式电能表的结构和工作原理

电子式电能表和感应式电能表具有相同的计量电能的功能，但两者的结构和工作原理却截然不同。电子式电能表由电子电路构成，以微电子电路的工作为基础计量电能，输出频率正比于负载功率的脉冲。电子式电能表由于没有转盘，又称为静止式电能表或固态电能表。

电子式电能表的结构框图和各点波形如图7-9所示。其工作原理是：被测量的高电压

u、大电流i送入电压变换器和电流变换器后，按比例变换成电子线路能处理的，且与乘法器输入端相匹配的低电压(几伏、几十毫伏)、小电流(几毫安)信号，并使乘法器与电网隔开减小干扰。低电压、小电流信号再送至乘法器，完成电压和电流瞬时值相乘，输出一个与一段时间内的平均功率成正比的直流电压U_0，然后再利用电压/频率转换器，将直流电压转换成相应的脉冲频率f。最后将该频率分频，并通过一段时间内计数器的计数，由显示器显示出相应的电能值。

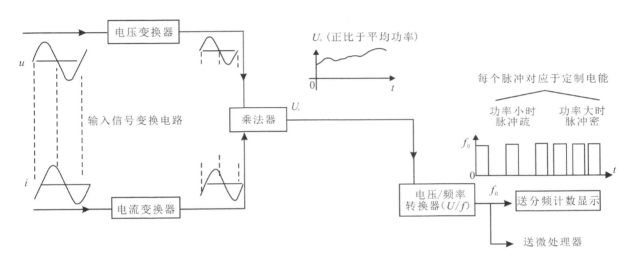

图7-9 电子式电能表的结构框图和各点波形

电压变换和电流变换的方法可以是精密电阻分压、分流，或用互感器。模拟乘法器通常具有两个输入端和一个输出端，是一个三端网络。P/f变换器把乘法器输出的、代表有功功率的直流电压变为标准脉冲，脉冲频率的高低就代表有功功率的大小，它与计数器一起实现电能的累计。

目前常见的电子式电能表显示器件有液晶（LCD）、发光二极管（LED）、荧光管（FIP）三种。

电子式电能表的脉冲常数的意义是用户每消耗1 kW·h电能，对应的脉冲个数，其中"imp"表示脉冲。

二、比较两种电能表的性能

感应式电能表和电子式电能表的性能比较见表7-1。

表7-1

类别	感应式电能表	电子式电能表
准确度（级）	0.5～3.0	0.01～1.0
频率范围/Hz	45～55	40～2000
外磁场影响	大	小
安装要求	严格	不太严格
过载能力	4倍	6～10倍
功耗	大	小
电磁兼容型	好	一般
启动电流	0.003	0.001
功能	单一	完善、可扩展

数字万用表

学习目标

1.明确数字万用表的结构，理解各组成部分的作用和特点。

2.完成DT-830型数字万用表的组装与调试，培养学习电工仪表的兴趣，提高安装和测试技能。

建议学时

12小时

任务一 数字万用表

学习目标

1.熟悉数字万用表，明确数字万用表的结构，理解各组成部分的作用和特点。
2.理解DT-830型数字万用表的组成和电路原理。

学习过程

一、认识数字万用表，熟悉数字万用表的面板

数字万用表是采用集成电路模/数转换器和液晶显示器，将被测量的数值直接以数字形式显示出来的一种电子测量仪表。数字万用表具有结构简单、测量精度高、输入阻抗高、显示直观、过载能力强、功能全、耗电省、自动量程转换等优点，许多数字万用表还带有测电容、频率、温度等功能。

数字万用表是在直流数字电压表的基础上扩展而成的。为了能测量交流电压、电流、电阻、电容、二极管正向压降、晶体管放大系数等电量，必须增加相应的转换器，将被测电量转换成直流电压信号，再由A/D转换器转换成数字量，并以数字形式显示出来。常用的数字万用表显示数字位数有三位半、四位半和五位半之分，并由此构成不同型号的数字万用表，如图8-1所示。

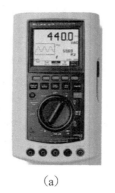
(a)

(b)

(c)

图8-1 不同型号的数字万用表

数字万用表的面板包括以下部分：

(1)液晶显示器：显示位数为四位，最大显示数为±1999，若超过此数值，则显示1或-1。

(2)量程开关：用来转换测量种类和量程。

(3)电源开关：开关拨至"ON"时，表内电源接通，可以正常工作；"OFF"时则关闭电源。

(4)输入插座:黑表笔始终插在"COM"孔内。红表笔可以根据测量种类和测量范围分别插入"V·Ω"、"mA"、"10 A"插孔中。

二、学习DT830B型数字万用表的结构和特点

数字万用表原理框图如图8-2所示，它由量程选择电路、各种变换器（R-V转换、I-V转换、V-V转换）及直流数字电压表（A/D转换、显示逻辑、显示电路）组成。

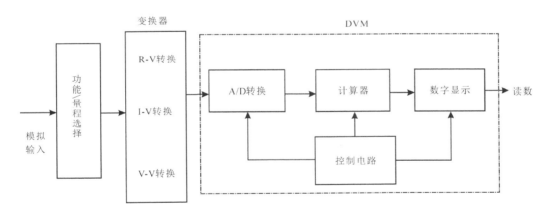

图8-2　数字万用表原理框图

DT830B型数字万用表主电路采用ICL7106型模／数转换器，是目前应用较广的一种双积分A/D转换器，芯片集成度高、功能完善、价格较低、整机组装方便，只要配上几个电阻、电容和一个LCD显示器，就能组成一块最简单的数字式电压表。ICL7106及附属电路如图8-3所示。

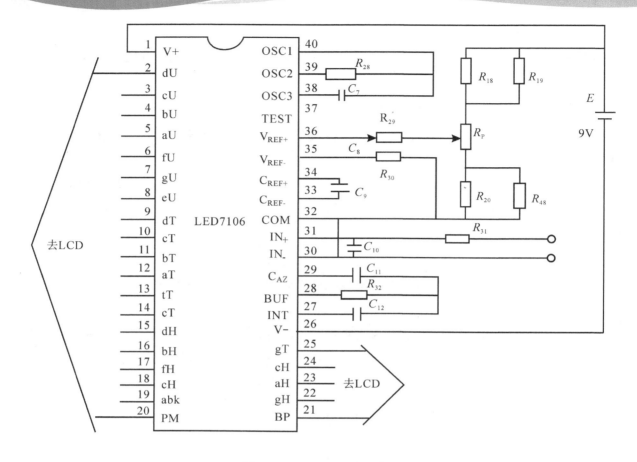

图8-3 ICL7106及附属电路

R_{31}、C_{10}组成输入端阻容滤波电路，以提高仪表抗干扰能力。R_{28}、C_7是时钟脉冲振荡器原件。C_9为基准电容。C_{11}为自动调零电容。R_{32}、C_{12}分别为积分电阻和积分电容。基准电压由R_{18}、R_{19}、R_{P3}、R_{20}和R_{48}组成的分压器供给，调整R_{P3}可使V_{REF}=100.0 mV，并决定数字式电压表基本量程为200.0 mV。R_{29}、R_{30}、C_8组成基准电压输入端的高频滤波器。

三、分析DT830B型数字万用表测量电路

1.直流电压测量电路

直流电压测量电路如图8-4所示。采用电阻分压器把基本量程为200mV的表扩展成五量程的直流数字电压表。

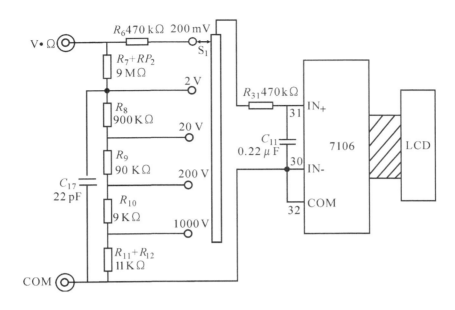

图8-4 直流电压测量电路

2.直流电流测量电路

直流电流测量电路如图8-5所示。被测输入电流流过分流电阻时产生压降，作为基本表的输入电压，这就实现了I-V转换，通过数字电压表显示出被测电流大小。10 A挡分流器R_{Cu}是用黄铜丝制成，以便能通过较大的电流。FU是快速熔丝管，串在输入端，作过流保护，硅二极管D1、D2接成双向限幅电路，作为过压保护元件。

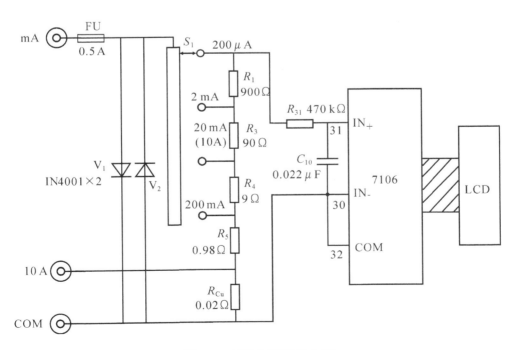

图8-5 直流电流测量电路

3.交流电压测量电路

交流电压测量电路如图8-6所示。电路主要包括两部分：电阻分压器、AC/DC转换器。为降低成本，与DCV挡共用一套分压电阻。AC/DC转换器具有平均值响应，利用双运放TL062其中的一组运放和二极管D_7、D_8构成线性半波整流器。D_8是半波整流二极管，D_7为保护二极管，给反向电流提供通路。R_{26}和C_6为平滑滤波器，获得平均值电压V_0。

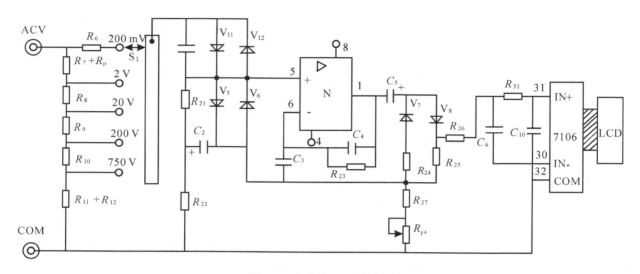

图8-6　交流电压测量电路

4.电阻测量电路

原理电路见图8-7所示。绝大多数数字万用表都采用比例法来测量电阻。利用选择开关改变标准电阻R_0的数值，即可构成多量程数字欧姆表。测电阻时，以标准电阻上的压降作为基准电压，以被测电阻上的压降为输入电压，即完成了R-V转换。

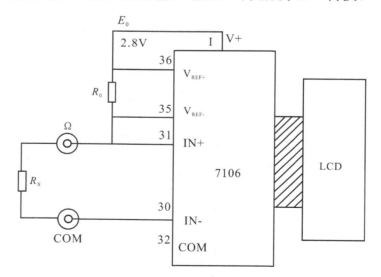

图8-7　电阻测量电路

四、DT830B型数字万用表的使用

1.数字万用表的使用方法

（1）电源开关使用时置于"ON"。

（2）转换开关根据被测的电量选择相应的功能位，按被测量的大小选择适当的量程，或将量程开关置于最高量程，逐渐减小到合适量程。

（3）表笔插入相应插孔，黑表笔插入"COM"，红表笔在测量电压和电阻时，插入"V/Ω"，测量电流时，插入"A"，被测电流大于200 mA时，插入"10 A"。

（4）直接显示被测数据，当被测量超过最大指示值时，显示"1"。

2.二极管测量

将功能开关置于"二极管符号"挡，将表笔正向连接到待测二极管两端时，读数为二极管正向压降的近似值。

3.三极管测量

将功能开关置于hFE量程，确定晶体管是NPN或PNP型，将基极、发射极和集电极分别插入面板上的相应插孔，显示器上将读出hFE的近似值。测试条件为I_b等于$10\ \mu A$，U_{ce}等于2.8 V。此时显示值只对判断晶体管起参考作用，不能作精密测试。

4.使用注意事项

（1）严禁在测量高电压或大电流时拨动量程开关。

（2）被测交流电压、电流频率应在45 Hz～500 Hz的范围内。

（3）严禁带电测量电阻。

（4）使用完毕，应将量程开关置于电压最高量程，再关闭电源。

任务二 数字万用表的组装与调试

学习目标

熟悉装配数字万用表的基本工艺过程，完成DT-830型数字万用表的组装与调试，培养学习电工仪表的兴趣。

学习过程

一、了解DT830B数字万用表的特点

（1）技术成熟：主电路采用典型数字表集成电路ICL7106，久经考验、性能稳定可靠。

（2）性价比高：由于技术成熟、应用广泛而产生的规模效益使产品价格低到需要者皆可拥有，且具有精度高、输入电阻大、读数直观、功能齐全、体积小巧等优点。

（3）结构合理：采用单板结构，集成电路TCL7106采用COB封装。只要有一般电子装配技术即可成功组装。

二、安装DT830B数字万用表

DT830B数字万用表由机壳塑料件（包括上下盖、旋钮）、印制板部件（包括插口）、液晶屏及表笔等组成，组装能否成功的关键是装配印制板部件。整机安装过程如下：

1.印制板的装配

印制板是双面板，板的A面是焊接面，中间圆形印制铜导线是万用表的功能、量程转换开关电路，如果被划伤或有污迹，对整机的性能会影响很大，必须小心加以保护。

2.安装步骤与要求

安装电阻、电容、二极管等：安装电阻、电容、二极管时，如果安装孔距大于8 mm，可进行卧式安装，如果孔距小于5 mm，应进行立式安装。一般额定功率在1/4 W以下的电阻可贴板安装，立装电阻和电容元件与PCB板的距离一般为0～3 mm。

安装电位器、三极管插座：三极管插座装在A面，而且应使定位凸点与外壳对准、在B面焊接。

安装保险座、插座、R0、弹簧：焊接点时，注意焊接时间要足够但不能太长。

安装电池线：电池线由B面穿到A面再插入焊孔，在B面焊接。红线接+，黑线接-。

3.液晶屏组件安装

液晶屏组件由液晶片、支架、导电胶条组成。

将液晶片放入支架，支架爪向上，液晶片镜面向下。

安放导电胶条。导电胶条的中间是导电体，安放时必须小心保护，用镊子轻轻夹持并准确放置。

将液晶屏组件安装到PCB板上。将液晶屏组件放到平整的台面上，注意保护液晶面，准备好印制板。

印制板A面向上，将4个安装孔和1个槽对准液晶屏组件的相应安装爪。均匀施力将液晶屏组件插入印制板。

安装好液晶屏组件的印制板。

4.组装转换开关

转换开关由塑壳和簧片组成。用镊子将簧片装到塑壳内。

5.总装

安装转换开关和前盖：将弹簧、滚珠依次装入转换开关两侧的孔里，将转换开关贴放到前盖相应位置。将装好的印制板组件对准前盖位置，装入机壳，安装两个螺钉，固定转换开关。

安装保险管（0.2 A）。

安装电池。

贴屏蔽膜：将屏蔽膜上的保护纸揭去，露出不干胶面。

三、调试DT830B数字万用表

数字万用表的功能和性能指标由集成电路的指标和合理选择外围元器件得到保证，只要安装无误，仅作简单调整即可达到设计指标。在装后盖前将转换开关置于2 V电压挡，此时用待调整表和另一个数字表（已校准，或4位半以上数字表）测量同一电压值，调节表内电位器VR1使两表显示一致即可。

盖上后盖，安装后盖上的两个螺钉。至此安装全部完毕。

项目九

常用电子仪器及使用

1.了解电子电压表的特点及适用范围。理解DA-16型低频电压表的组成，学会DA-16型电子电压表的量程选择和读数，能使用电子电压表进行电压测量。

2.了解低频信号发生器的结构和工作原理，会调节和使用低频信号发生器。

3.理解示波管的结构和波形显示原理，了解示波器的组成及工作原理。熟悉双踪示波器面板控件的作用和调节使用方法。

4.能使用双踪示波器观察信号特征（正弦波、方波等）；会用示波器测量信号的幅度、频率和相位等。

5.了解晶体特性图示仪的结构及工作原理，熟悉XJ4810型晶体特性图示仪面板控件的作用和使用方法。

6.能熟练使用晶体管图示仪测试常见半导体器件的各项参数。

28小时

任务一 电子电压表及使用

学习目标

1.了解电子电压表的特点及适用范围。

2.理解DA-16型低频电压表的组成，学会DA-16型电子电压表的量程选择和读数，能正确使用电子电压表进行电压测量。

学习过程

一、了解电子电压表的特点及适用范围

1.电子电压表及其特点

电子电压表的外形如图9-1所示。与万用表等电工仪表相比，电子电压表具有以下优点：

（1）灵敏度高：电子电压表中采用放大电路把被测电压进行放大，使微弱的被测电压也能用磁电系电表进行测量，提高了灵敏度，可以测量微伏级电压。

（2）输入阻抗大：电子电压表的输入阻抗可达兆欧级，当它与被测电压并联时，对被测电路状态影响很小，增加了测量准确程度。

（3）频率范围宽：可以测量从超低频到几百兆赫的交流信号，而普通的磁电式交流电压表仅能测工频电压。

（4）可以测量多种波形的信号：可以测量方波、三角波等非正弦信号的有效值、平均值或峰值。

（a）

（b）

图9-1 电子电压表

2.电子电压表的分类

按照被测电压的频率范围，电子电压表可分为低频毫伏表、视频毫伏表、高频毫伏表和超高频毫伏表等；按照电路结构不同分，电子电压表又可分为放大—检波式、检波—放大式和外差式。

（1）放大—检波式电子电压表：被测交流电压先经交流放大器放大，然后送到检波器检波，将交流电压变换成直流电压，最后用磁电系微安表指示读数。这种电压表克服了检波器二极管工作在小信号时的非线性失真问题，提高了电压表灵敏度，可以测量毫伏级电压，但其频率范围受交流放大器带宽的限制，一般频率上限只能达5～10 MHz。

（2）检波—放大式电压表：被测交流电压先经检波器检波，变成直流电压，然后经直流放大器放大后，用磁电系微安表指示电压读数。这种电压表受二极管检波时小信号非线性特性的限制，灵敏度不太高，可测量的最小电压为0.1 V左右，但电压测量的频率范围却主要取决于检波器。通常，检波器均采用特殊的超高频二极管，频率上限可达1 GHz，故有高频电压表或超高频电压表之称。

（3）外差式电子电压表：这种电压表又称为高频微伏表，其特点是具有很高的灵敏度和良好的选择性，可测量微伏级的电压，频率范围可从几百千赫到几百兆赫以上。

二、熟悉DA-16型交流毫伏表及使用

DA-16交流毫伏表是放大—检波式电子电压表，具有高灵敏度、高输入阻抗、高稳定性等优点。DA-16型毫伏表的结构框图见图9-2。

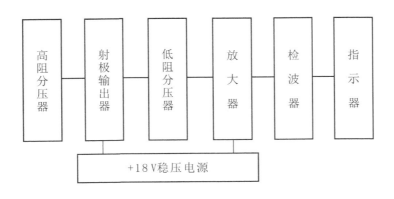

图9-2　DA-16型毫伏表结构框图

分压器用于提高电压表测量上限，扩大电压测量的范围；高阻分压器对被测电压进行适当衰减，以便满足后级电路对输入电压的要求，防止造成放大器与电压表过载。由于高阻分压器频率响应不易做好，因此对0.3 V以下输入电压可不经高阻分压器，而直接经射极输出器变换成低阻抗，由低阻分压器分压。射极输出器用来实现阻抗变换，提高电

压表输入阻抗，减少电压表对被测电路的影响，提高测量准确度；交流放大器用来放大被测交流电压，以提高电压表的灵敏度；检波器采用均值检波，输出直流与输入交流电压的平均值成正比；微安表指示正弦电压有效值。

（1）阅读DA-16毫伏表的使用说明，并填写以下主要技术性能：

①测量电压范围（分12挡）：

②dB刻度：

③电压频率范围：

④输入阻抗：

⑤电源适应范围：

⑥功率：

（2）DA-16毫伏表的使用方法如下。在教师指导下进行实践，学会毫伏表的正确使用和读数。

①通电前先观察表针是否停在机械零位，如果不在表面零刻度需调整到零位。

②将量程开关置于最高量程挡。

③接通电源，通电后预热。

④量程选择：接入被测信号，为减少测量误差，应将量程开关逐渐减小至合适量程，以使指针偏转的角度尽量大。如果测量前无法确定被测电压的大小，则量程开关应由最高量程挡逐渐过渡到低量程挡，以免损坏设备。

⑤正确读数：一般指针式毫伏表有三行刻度线，其中第一行和第二行刻度线为电压有效值刻度。第三行为分贝刻度线。当量程开关置于"1"打头的量程时读第一行刻度线，量程开关置于"3"打头的量程时读第二行刻度线。

（3）使用时的注意事项如下：

①当使用mV挡测量时，由于仪表灵敏度比较高，输入端不能长时间开路，人手也不要触及到输入端子，以免感应电压打坏表头指针，损坏仪表。

②各种类型的电子电压表，除了个别外，其读数均按正弦波的有效值定度。

③测量时应先接入与机壳相连的输入线，后接入另一端输入线。测量结束时，应按相反顺序取下连接线。

④使用高灵敏度挡（100 mV以下）时，在测量前应将输入端短路，以免引来干扰使指针超出满刻度。

三、实训任务：测试低频放大电路的电压增益

1.实训器材

双踪示波器、低频信号发生器、DA-16型毫伏表等。

2.实训内容

电压放大器输出信号电压U_{sc}与输入信号电压U_{sr}之比称为它的电压增益：

$$K=\frac{U_{sc}}{U_{sr}}$$

（1）测量接线如图9-3所示，将低频放大电路的输入端接低频信号发生器，输出端接至示波器Y轴输入端。

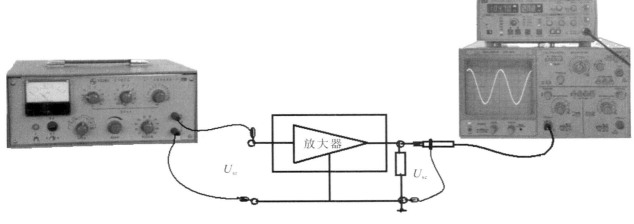

图9-3 低频放大器测试接线

（2）适当调节低频信号发生器，给定输入电压U_{sr}，使示波器显示电压放大器输出电压的波形。如果波形失真，可减小U_{sr}幅度或调整放大器工作点，直至波形不失真。

（3）用毫伏表分别测量放大器输入电压U_{sr}和输出电压U_{sc}的大小，将测量数据填入表9-1。计算电压放大器的电压增益。

表9-1

序号 \ 内容	示波器波形	电压放大器		计算电压增益K
		输入电压U_{sr}	输出电压U_{sc}	

（4）关掉电源，整理仪器，清理器材，恢复整齐。

3.评分

评分内容	配分	评分人	
		学生	教师
明确工作（实训）任务	10		
测量前的仪表、设备、连接线、工具等准备	15		

续表

评分内容	配分	评分人	
		学生	教师
仪表接线、测量方法、操作步骤正确	30		
清理现场、恢复仪表及设备状态	15		
明确安全规程，保证仪表安全和人身安全	30		
合计			

任务二 低频信号发生器及使用

学习目标

1.了解低频信号发生器的结构和工作原理。

2.会调节和使用低频信号发生器。

学习过程

一、学习低频信号发生器的结构和工作原理

凡是产生测试信号的仪器，统称为信号源，也称为信号发生器，它用于产生被测电路所需特定参数的电测试信号。低频信号发生器用来产生频率为20 Hz～200 kHz的正弦信号。除具有电压输出外，有的还有功率输出。低频信号发生器的用途十分广泛，可用于测试或检修各种电子仪器设备中的低频放大器的频率特性、增益、通频带，也可用作高频信号发生器的外调制信号源。另外，在校准电子电压表时，它可提供交流信号电压。

低频信号发生器外形如图9-4所示。原理方框图见图9-5，包括主振荡器、缓冲放大器、输出衰减器、功率放大器、阻抗变换器（输出变压器）和电压表。

图9-4　低频信号发生器

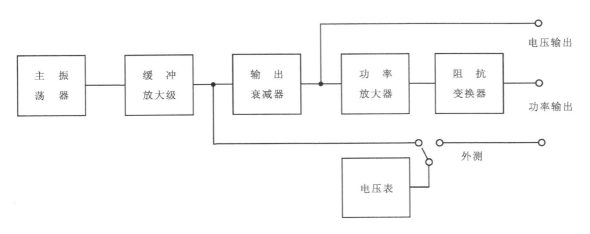

图9-5　低频信号发生器原理方框图

1.主振荡器

主振荡器产生低频正弦振荡信号，经电压放大达到电压输出幅度的要求，由输出衰减器直接输出电压。电压输出端的负载能力较弱，一般只能供给电压信号，故称为电压输出。

低频信号发生器的主振级几乎都采用RC桥式振荡电路，如图9-6所示，振荡频率由R_1、C_1和R_2、C_2构成的选频网络决定。这种振荡器的频率调节方便，调节范围也较宽，具有稳定度高、非线性失真小、正弦波形好等优点，在低频信号发生器中获得广泛的应用。

2.缓冲放大器

缓冲放大器主要用于阻抗变换，是振荡器的隔离级与输出级。在低频信号发生器中，主振信号常首先经过缓冲放大器，然后再输入给电压放大器或输出衰减器，使衰减器阻抗变化或电压放大器输入阻抗变化时，不影响主振级的工作。

3.功率放大器

某些低频信号发生器要求有功率输出，振荡信号经功率放大器放大后，才能输出较大的功率。对功率放大器的主要要求是非线性失真小、频率特性好、能输出额定功率。

由于功率放大器工作在大信号状态下，晶体管往往在接近极限参数下工作，所以设计不当或使用条件变化，就容易超过极限范围导致晶体管损坏。因此在功率放大器电路中，常常加上保护电路。

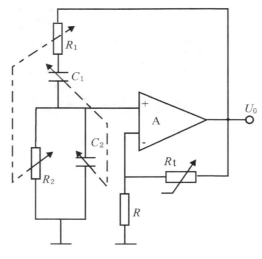

图9-6　R_C桥式振荡器

4.输出电路

对于只要求电压输出的低频信号发生器，输出电路仅仅是一个电阻分压式衰减器。对于需要功率输出的低频信号发生器，为了与负载匹配以减小波形失真和获得最大输出功率，还必须接上一个或两个匹配输出变压器，用来改变输出阻抗以获得最佳匹配。

低频信号发生器中的输出电压调节常常可以分为连续调节和步进调节。采用电位器作连续衰减，用步进衰减器按每挡的衰减分贝数逐挡衰减。衰减器电路如图9-7所示。

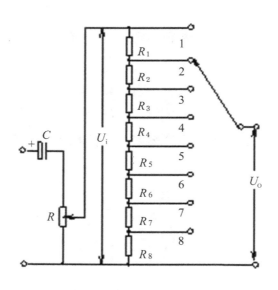

图9-7　衰减器原理电路

输出电路还包括电子电压表，一般接在衰减器之前。经过衰减的输出电压应根据电压表读数和衰减量进行估算。

二、了解低频信号发生器的主要性能指标

阅读低频信号发生器的使用说明书及有关资料，查找主要性能指标，如频率范围、非线性失真、输出电压等，并完成表9-2的填写。

表9-2

填写项目 序号	主要性能指标（名）	指标范围（值）

三、熟悉低频信号发生器的使用和调节方法

在教师指导下，学习低频信号发生器的调节和使用，了解面板控制件（旋钮、按键等）的名称和作用，完成表9-3的填写。

表9-3

面板控件 序号	名　称	作　用

续表

序 号＼面板控件	名 称	作 用

四、实训任务：低频信号发生器的调节和输出信号观察

1.实训设备

低频信号发生器、电子电压表、示波器等。

2.实训内容

（1）观察低频信号发生器的输出信号。

先把输出调节旋钮置于逆时针旋到底的起始位置，然后开机预热片刻，使仪器稳定工作后使用。

调节低频信号发生器有关频率调节、电压调节的旋钮，分别输出给定频率和大小的电压信号，用电子电压表测量输出电压值。同时用示波器观察输出信号的波形，填写表9-4。

表9-4

序 号＼内 容	低频信号发生器		电子电压表测量值
	输出频率	输出电压	

（2）再调节低频信号发生器，输出频率$f=1$ kHz、$U=5$ V的信号，将分贝衰减器置于0 dB，20 dB，40 dB，60 dB时，用电子电压表测量低频信号发生器输出电压，填写表9-5。

表9-5

	分贝衰减器挡位	电子电压表测量值
信号频率f=1 kHz 信号电压U=5 V	0 dB	
	20 dB	
	40 dB	
	60 dB	

（3）整理测试数据，比较低频信号发生器输出指示值和电压表测量值，分析测量结果。

（4）关掉电源，整理仪器，清理器材，恢复整齐。

3.评分

评分内容	配分	评分人	
		学生	教师
明确工作（实训）任务	10		
测量前的仪表、设备、连接线、工具等准备	15		
仪表接线、测量方法、操作步骤正确	30		
清理现场、恢复仪表及设备状态	15		
明确安全规程，保证仪表安全和人身安全	30		
合计			

任务三 双踪示波器及其使用

学习目标

1.理解示波管的结构和波形显示原理，了解示波器的组成及工作原理。

2.理解双踪显示原理，熟悉双踪示波器面板控件的作用和调节使用方法。

3.能使用双踪示波器观察电信号特征（正弦波、方波等），且会测量电信号的幅度、频率和相位等。

一、了解示波器的功能

　　电子示波器是常用的电子仪器之一。它可以将电压随时间的变化规律显示在荧光屏上，还可以用来显示两个相关的电学量之间的函数关系。示波器不仅可以显示电信号的波形，通过适当的换能装置，也可以显示非电信号的波形。利用电子示波器，我们既可以直观地观察被测信号的变化规律，又可以测量被测信号的大小、频率、位相等参数。示波器是观察和测量电学量以及研究其它可转化为电压变化的非电学物理量的重要工具，广泛地应用于工业、科研、国防等领域。示波器的种类很多，工业上最常用的仍然是通用示波器，即由单束示波管构成的示波器。通用示波器又分为单踪示波器和双踪示波器。单踪示波器只有一个信号输入端，只能显示一个被测信号的波形，只能检测信号的波形、幅度和频率，而不能进行两个信号的比较。双踪示波器具有两个信号输入端，可以同时显示两个不同信号的波形，并且可以对两个信号的波形、幅度、频率和相位进行比较。双踪示波器如图9-8所示。

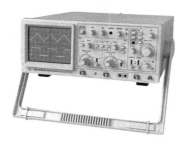

图9-8　双踪示波器

二、理解波形显示原理，了解示波器的组成

　　1.示波管及其结构

　　示波管又称为阴极射线管，简称CRT。它是一种利用高速电子束冲击荧光屏使它发光的显示器件，是构成示波器的核心。示波管由电子枪、偏转系统和荧光屏三个部分组成。整个结构密封在一个喇叭状的玻璃壳中，玻璃壳内部抽至高度真空，其结构如图9-9所示。

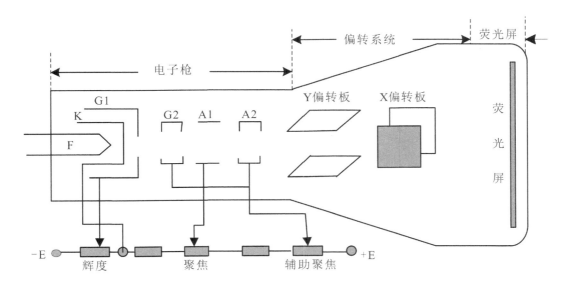

图9-9　示波管结构

（1）电子枪：电子枪的作用是发射电子并形成很细的高速电子束。电子枪由灯丝F、阴极K、控制栅极G1、前加速极G2、第一加速阳极A1、第二加速阳极A2组成。阴极在灯丝的加热下发射电子，经控制栅极控制数量的电子进入G2、A1、A2系统被聚焦成电子射线。

调节控制栅极对阴极的负电位可控制阴极发射出来的电子数目，从而调节荧光屏光点的亮度，即进行"辉度"控制。

第一阳极和第二阳极对电子束进行聚焦并加速。调节A1的电位，即可调节A1与G2和A1与A2之间的电位，调节A1电位的电位器称为"聚焦"旋钮。调A2电位也有同样的作用，故称调节A2电位的电位器为"辅助聚焦"旋钮。

（2）偏转系统：示波管大多采用静电偏转系统，它由两对相互垂直的偏转板构成，每对偏转板的两块极板相互平行，并对称于示波管的中心轴。垂直偏转板又称Y偏转板，水平偏转板又称为X偏转板。当有外加电压作用时，偏转板之间形成电场，分别控制电子束在垂直方向与水平方向偏转，两对偏转板共同作用的结果决定了任一瞬间光点在屏幕上的坐标位置。

在偏转板之后，用玻璃壳锥部内壁的石墨导电层作为后加速阳极。后加速阳极的电压通常为3000～10 000 V。

（3）荧光屏：荧光屏位于示波管喇叭口的端面，端面内壁涂上一层荧光质，电子束轰击荧光质时，能够激发荧光质发出亮光。当电束停止轰击荧光屏时，光点仍能保持一定的时间，这种现象称为"余辉效应"。

2.波形显示原理

在X偏转板加上锯齿波电压时，电子束在屏幕上按时间沿水平方向展开，形成时间基准线，如图9-10所示。随着锯齿波电压周期变化，光点就会在X轴方向往返移动，屏幕上显示一条水平亮线，这个过程称为扫描。锯齿波电压称为扫描电压。由于扫描电压随时间作线性变化，因此X坐标的大小可以代表时间的长短。

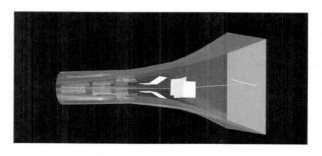

图9-10　时间基准线

由于电子束的运动轨迹取决于Y偏转板和X偏转板两个静电场的合成作用，为了显示被测电信号的波形，必须在Y偏转板上加被测电压 u_Y，同时在X偏转板上加锯齿波电压 u_X。设Y偏转板所加正弦波信号的周期为 T_Y，X偏转板所加锯齿波电压的周期为 T_X，当 $T_X = T_Y$ 时，荧光屏上显示一个周期的正弦电压的稳定波形，如图9-11所示。当 $T_X = 2T_Y$ 时，则可观测到两个周期的正弦电压的波形。但当 $T_X = 1.5T_Y$ 时，荧光屏显示的是被测信号随时间变化的不稳定波形，如图9-12所示。

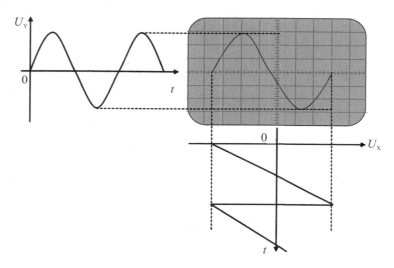

图9-11　清晰稳定的波形

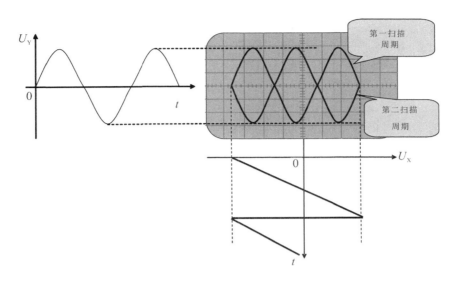

图9-12　不稳定的波形

显然，为了在屏幕上获得稳定的波形，T_x必须等于T_Y的整数倍，即$T_x=nT_Y$，以保证每次扫描起始点都对应信号电压U_Y的相同相位点，使每次扫描显示的波形重叠在一起，这种过程称为同步。

3.示波器的组成

示波器的组成框图如图9-13所示。示波器主要由示波管、Y轴偏转系统、X轴偏转系统、扫描及整步系统、电源等五部分组成。各部分的作用见表9-6。

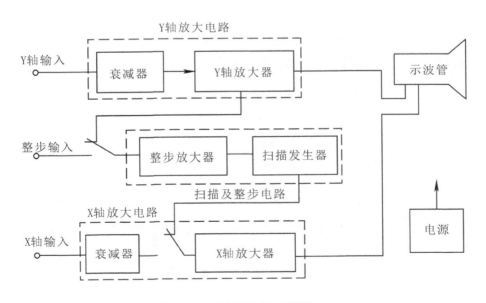

图9-13　示波器的组成框图

表9-6

名　　称	组成及作用
示波管	它是示波器的核心，其作用是把所需观测的电信号变换成发光的图形
Y轴偏转系统	由衰减器和Y轴放大器组成，其作用是放大被测信号。被测电压经衰减器衰减成能被Y轴放大器接收的微小电压信号，再经Y轴放大器放大提供给Y轴偏转板，以控制电子束在垂直方向的运动
X轴偏转系统	由衰减器和X轴放大器组成，作用是放大锯齿波扫描信号或外加电压信号。此开关置于"扫描"时，扫描发生器送来的锯齿波信号经X轴放大器放大,提供给X轴偏转板，以控制电子束在水平方向的运动。衰减器用来衰减X轴输入的电压信号
扫描及整步系统	扫描发生器的作用是产生频率可调的锯齿波电压。整步系统的作用是引入一个幅度可调的电压，来控制扫描电压与被测信号电压保持同步，使屏幕上显示出稳定的波形
电源	由变压器、整流及滤波等电路组成，作用是向整个示波器供电

三、熟悉双踪示波器及其使用

1.双踪显示原理

双踪示波器能在屏幕上同时显示两个被测信号的波形。通常将两个被测信号用电子开关控制，不断交替地送入示波管的 Y 偏转板，进行轮流显示；只要轮换的速度足够快，由于示波管的余辉效应和人眼的视觉残留作用，屏幕上就会同时显示出两个波形的图像。因此，双踪示波器设有两个Y轴通道，增加了电子开关和门电路。两个被测信号分别经通道CH1和CH2输入，各自经衰减器、前置放大器送入门电路。两个门电路由电子开关控制轮流打开。根据电子开关转换速率的不同，有"交替"和"断续"两种时间分割方式。

交替方式（ALT）的时间分割以扫描周期为单位。电子开关受扫描信号的控制，在第一个扫描周期打开通道CH1的门电路，显示通道1的信号，第二个扫描周期打开通道CH2的门电路，显示通道2的信号，如此重复，如图9-14所示。交替方式适于观测较高频率的信号。

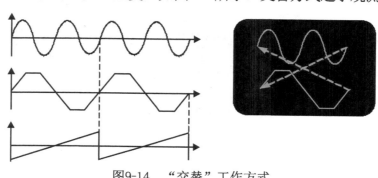

图9-14　"交替"工作方式

断续方式（CHOP）的时间分割以固定振荡频率的方波信号周期为单位。电子开关以固定频率进行自动转换，在扫描信号的一个周期内，高速切换显示两个通道的信号，屏上显示的是由若干光点构成的"断续"波形，如图9-15所示。断续方式适于观测较低频率的信号。

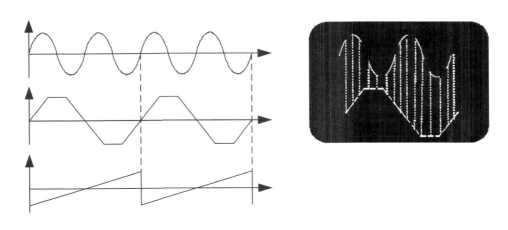

图9-15 "断续"工作方式

电子开关的工作状态有五种：CH1、CH2、CH1＋CH2、交替和断续。前三种工作状态时，屏幕上都只显示一个波形。

2.双踪示波器的附加装置

（1）探头：探头作为引入被测信号的连接线，它和示波器输入端连接之后，与输入阻抗共同组成RC衰减器。被测信号通过探头有10比1的衰减，扩大了电压量程。由于探头至示波器输入端采用具有金属防波套的电缆，因此当防波套接地之后，芯线就因防波套的屏蔽作用，而能有效防止干扰信号进入输入端。示波器探头如图9-16所示。

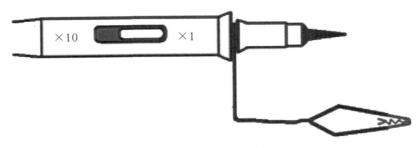

图9-16 示波器探头

（2）校准信号发生器：示波器内的校准信号发生器是用来产生标准方波电压的，频率为1 kHz,幅度为0.5 V（P－P）。标准信号的作用是用来校准扫描速度，或者用来测量被测电压的幅度。

3.示波器的使用及注意事项

（1）注意事项：仪器电源进线形式为单相三线，其中地线必须与大地接触良好，以

确保使用安全。仪器工作电压为交流220 V±10%，使用时电源电压不应高于250 V。接通电源后需预热15 min。注意亮度不可过亮，光点不可长期停留在一个位置上，以免影响示波器的使用寿命。

为正确掌握仪器的使用范围及操作方法，使用前务必先阅读仪器说明书，查看主要技术性能、控制件作用及使用等。

（2）阅读示波器的使用说明书，查看Y轴通道和X轴通道的主要技术性能，完成表9-7的填写。

表9-7

序　号　＼　填写项目	主要性能指示（名）	指标范围（值）

（3）在教师指导下，结合示波器的调节，了解面板控制件（开关、旋钮和按键等）的作用，完成表9-8的填写。

表9-8

序　号　＼　面板控制件	名　　称	作　　用

四、实训任务：用双踪示波器测量波形参数

1.实训设备

函数信号发生器，双踪示波器。

2.实训任务

（1）双踪示波器的校准：接通电源前，先将示波器面板控制件置相应位置，见表9-9。

表9-9

控制件名称	作用位置	控制件名称	作用位置
辉度	居中	触发耦合方式	AC
聚焦	居中	扫描方式	自动
垂直工作方式	CH1	触发源	CH1
垂直位移(CH1)	居中	水平位移	居中
偏转因数(CH1)	0.1 V/DIV	时基因数	0.5 ms/DIV
偏转因数微调	校准	时基因数微调	校准
输入耦合	接地	电源开关	断开

通电后，调节聚焦旋钮和辉度旋钮使扫描线清晰，调节位移旋钮使扫描线位于屏幕中间。用探头将校准信号加至CH1输入端，将输入耦合开关置AC，方波校准信号就显示在屏幕上，如图9-17所示。垂直工作方式为CH2时相应的调节使用方法类似。

观察校准信号幅度和周期，对示波器进行校准。

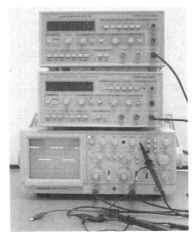

图9-17　方波校准信号

（2）脉冲参数的测量：调节函数信号发生器，输出方波信号，由探头加至CH1输入端，调节相关旋钮，使波形幅度合适，便于观测。用时基因数旋钮和扩展键将波形展开，如图9-18所示。此时可读取脉冲上升时间和下降时间等参数。

上升时间＝上升沿格数（10%～90%电平间）×扫描时基刻度÷扩展倍数

下降时间＝下降沿格数（90%～10%电平间）×扫描时基刻度÷扩展倍数

脉冲宽度＝脉宽格数（50%电平之间）×扫描时基刻度÷扩展倍数

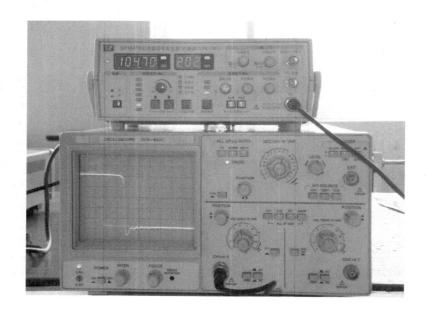

图9-18　展开的脉冲波形

根据实际测量值填写表9-10。注意读偏转因数和时基因数刻度时，其微调旋钮都先要置于校准位置才行。

表9-10

内容 序号	脉冲波形			旋钮位置			测量结果		
	上升沿 （格）	下降沿 （格）	脉冲宽 （格）	偏转 因数	时基 因数	X扩展	上升 时间	下降 时间	脉冲 宽度
1									
2									

（3）正弦电压的测量：调节函数信号发生器，输出正弦波信号，由探头加至CH1输入端，调节相关旋钮，使波形大小合适，便于观测，如图9-19所示。若使用探极的10比1衰减，则

电压峰-峰值 U_{P-P}＝波形高度（格）×偏转因数×10

电压周期T＝周期宽度（格）×时基因数

记录实际测量值，填写表9-11。注意读偏转因数和时基因数时，其微调旋钮都先要置于校准位置才行。

表9-11

内 容 序 号	正弦波		旋钮位置		测量结果			
	波形高度 （格）	周期宽度 （格）	偏转 因数	时基 因数	峰峰值	有效值	周期	频率
1								
2								

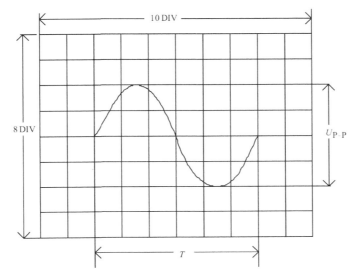

图9-19　正弦电压的测量

（4）双踪显示和波形叠加:调节两个信号源，输出频率和波形都不相同的两个信号，分别接入双踪示波器CH1通道和CH2通道。垂直工作方式置于"交替"或"断续"，调节示波器相关旋钮，使屏幕上显示两个信号的波形，如图9-20所示。

此时，将垂直工作方式置于"CH1+CH2",则可以观察到两个信号的叠加波形。

图9-20　双踪显示

（5）相位的测量：调节两个信号源，输出同频率的两个正弦信号，并分别接入示波器的CH1通道和CH2通道。调节示波器相关旋钮，使屏幕上显示两个正弦信号的波形，如图9-21所示。利用屏幕上的坐标，测出信号水平方向上一个周期的长度B，再测量两波形对应点之间的水平距离A，则两信号的相位差为

$$\varphi = \frac{A}{B} \times 360°$$

注意，测相位差时只能用一个被测信号去触发扫描电路（通常为超前的信号），以免产生波形误差。

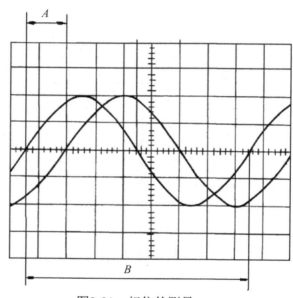

图9-21　相位的测量

（6）整理测试数据，总结使用示波器测量电信号的特点。

（7）关掉电源，整理仪器，清理器材，恢复整齐。

3.评分

评分内容	配分	评分人	
		学生	教师
明确工作（实训）任务	10		
测量前的仪表、设备、连接线、工具等准备	15		
仪表接线、测量方法、操作步骤正确	30		
清理现场、恢复仪表及设备状态	15		
明确安全规程，保证仪表安全和人身安全	30		
合计			

任务四 晶体管特性图示仪及使用

1.了解晶体特性图示仪的结构及工作原理

2.熟悉XJ4810型晶体特性图示仪面板控件的作用和使用方法。

3.能熟练使用晶体管图示仪测试常见半导体器件的各项参数。

一、了解晶体特性图示仪的结构及工作原理

晶体管特性图示仪是利用电子扫描的原理，在示波管的荧光屏上直接显示半导体器件特性的仪器。可以用来直接观测各种半导体器件的静态特性曲线和参数。

晶体管特性图示仪主要是由阶梯波信号源、集电极扫描电压发生器、工作于X-Y方式的示波器、测试转换开关以及附属电路等组成，原理框图如图9-22所示。下面以测试晶体三极管的输出特性曲线为例，说明各组成部分的作用和工作原理。

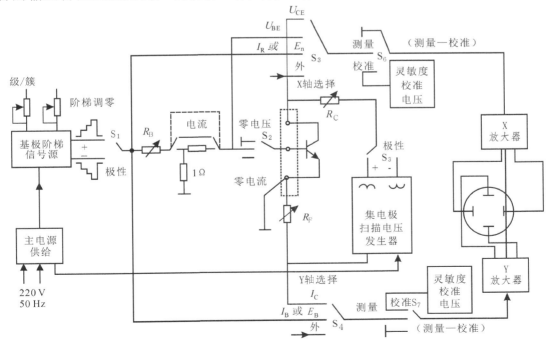

图9-22　晶体特性图示仪的结构框图

集电极扫描电压发生器的作用是给晶体三极管提供所需的集电极扫描电压；由电源变压器、全波整流电路和极性转换开关组成。直接利用电网电压经全波整流后取得集电极扫描电压u_{CE}，这种电压每秒脉动100次，波形如图9-23所示。

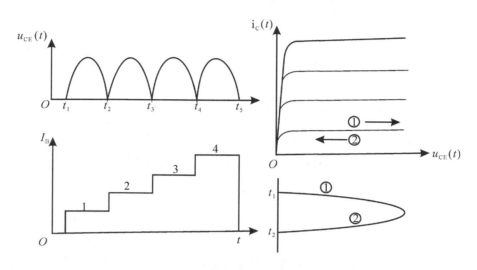

图9-23　阶梯波与扫描电压u_{CE}同步

阶梯波信号源用来产生阶梯波电压，为晶体管三极管提供基极阶梯电压或电流。阶梯波电压的变化与集电极扫描电压的变化保持同步，即对应每一个固定的i_B值，集电极扫描信号变化一个周期，使被测晶体管集电极电压u_{CE}作相应改变，如图9-23所示。

将u_{CE}的变化加至示波器的X轴，光点在X轴方向上的坐标就表示u_{CE}电压的大小。晶体管在u_{CE}作用下，集电极电流i_C将随之发生变化，i_C的大小可以通过取样电阻上的压降来反映。将取样电阻上的压降加至示波器Y轴，光点在Y轴方向上的坐标就可表示i_C的大小。随着u_{CE}和i_B同步地自动变化，在示波器屏幕上就会显示出晶体管三极的输出特性曲线。调节阶梯级数，可以显示出所需要的特性曲线簇。阶梯波完成一个周期，曲线簇重复扫描一次，由于视觉暂留效应，显示的图形看起来是一个稳定不动的图形。

X放大器和Y放大器分别对取自被测器件上电压信号进行放大，然后送示波管的X偏转板和Y偏转板，以显示特性曲线。

开关及附属电路的作用是配合晶体管不同参数的测试实现电路转换等。

二、熟悉XJ4810型晶体管特性图示仪及使用

XJ4810型晶体特性图示仪采用集成电路及晶体管化电路，增设集电极双向扫描电路，能在屏幕上同时观察到二极管的正、反向特性曲线；具有双簇曲线显示功能，易于对晶体管的配对。此外，本仪器与扩展功能件配合，还可将测量电压升高至3 kV；可对各种场效应管配对或单独测试；可测量TTL、CMOS数字集成电路的电压传输特性及有关参

数。XJ4810型晶体特性图示仪外形如图9-24所示。

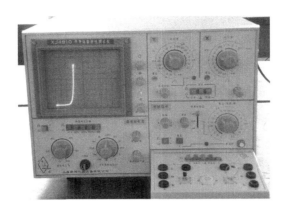

图9-24　XJ4810型晶体特性图示仪

1.XJ4810型晶体管特性图示仪的面板

XJ4810型晶体管特性图示仪的面板分六个部分：电源及示波管显示、X轴、Y轴、集电极电源、阶梯信号和测试台。

在教师指导下，阅读XJ4810型晶体特性图示仪的使用说明书，查看主要技术性能，并结合图示仪的调节和使用，了解面板控制件（开关、旋钮和按键等）的作用，完成表9-12的填写。

表9-12

面板控制件 / 面板分区	名　称	作　用
电源及示波管显示		
X轴部分		
Y轴部分		
集电极电源		
阶梯信号		
测试台部分		

2.XJ4810图示仪使用注意事项

（1）对被测管的主要直流参数应有一个大概的了解和估计，特别要了解被测管的集电极最大允许耗散功率P_{CM}、最大允许电流I_{CM}和击穿电压BV_{EBO}、BV_{CBO}。

（2）根据所测参数或被测管允许的集电极电压，选择合适的扫描电压范围。一般情况下，应先将峰值电压调至零，更改扫描电压范围时，也应先将峰值电压调至零。选择一定的功耗电阻，测试反向特性时，功耗电阻要选大一些，同时将X、Y偏转开关置于合适挡位。测试时扫描电压应从零逐步调节到需要值。

（3）对被测管进行必要的估算，以选择合适的阶梯电流或阶梯电压，一般宜先小一点，再根据需要逐步加大。测试时不应超过被测管的集电极最大允许功耗。

3.XJ4810图示仪的基本操作步骤

（1）按下电源开关，指示灯亮，预热15 min后，即可进行测试。

（2）调节辉度、聚焦及辅助聚焦，使光点清晰。

（3）将峰值电压旋钮调至零，峰值电压范围、极性、功耗电阻等开关置于测试所需位置。

（4）对X、Y轴放大器进行10度校准。

（5）调节阶梯调零。

（6）选择需要的基极阶梯信号，将极性、串联电阻置于合适挡位，调节级/簇旋钮，使阶梯信号为10级/簇，阶梯信号置重复位置。

（7）插上被测晶体管，缓慢地增大峰值电压，荧光屏上即有曲线显示。

4.测试举例

（1）二极管的测试：二极管正、负极分别插入测试台的"C"、"E"插孔中。图示仪面板上有关旋钮位置如下：

Y轴：集电极电流0.05 mA/度

X轴：集电极电压0.1 V/度

峰值电压范围：0～10 V

集电极极性：+

功耗限制电阻：1 kΩ

阶梯作用：关

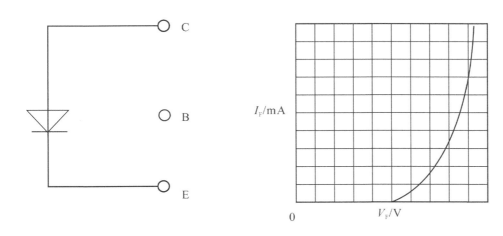

图9-25　二极管的正向伏安特性曲线

调节置于零位的"峰值电压%"旋钮，使加在二极管上的最大峰值电压由零逐渐增大，就可在屏幕上显出如图9-25所示的正向伏安特性曲线。从这条曲线上可以测出：

正向电流I_F：指在规定的正向电压时的正向电流值。

正向直流电阻R_F：指在不同的工作点时，电压与电流之比。

将集电极电压"极性"拨向"-"位置，X轴作用旋钮量程扩大，Y轴作用旋钮量程缩小。先将"峰值电压%"置于零位，增加峰值电压范围，再使二极管的反向电压从零逐渐增大，就可以在屏幕上显示出反向伏安特性曲线。从这条曲线上可以测出：

反向电流I_R：指二极管加规定的反向电压（小于击穿电压）时对应的反向电流值。

反向击穿电压U_{BR}：反向电压增大时，反向电流迅速增大，当反向电流增大到规定值时，所对应的反向电压值。

（2）稳压管特性的测试：测试方法与二极管的反向特性测试方法类似。

（3）三极管的测试：以NPN型三极管3DK2为例，说明三极管电流放大倍数h_{FE}的测量方法。测试条件$I_C=10\ mA$，$U_{CE}=1\ V$。在测量时应注意所加集电极扫描电压应由零逐渐增大；功耗限制电阻应由大逐渐减小；阶梯电流应由小逐渐增大。

插好管子，将有关开关及旋钮置于相应位置：

峰值电压范围：0～10 V

X轴：集电极电压0.2 V/度

Y轴：集电极电流1 mA/度

功耗电阻：250 Ω

集电极极性：+

阶梯作用：重复

簇/级：10

阶梯极性：+

电压-电流/级：0.02 mA/级

慢慢增加集电极"峰值电压%"，即可得一簇输出特性曲线，见图9-26(a)。从这条曲线上可以测出直流电流放大系数。

在I_C和U_{CE}均为测试条件时，即可计算出h_{FE}：

$$h_{CE} = \frac{I_C}{I_B}$$

若将X轴作用置"基极电流或基极源电压"，即得I_B—I_C关系曲线，见图9-26(b)。从这条曲线上可以测出交流电流放大系数β：

$$\beta = \frac{\Delta I_C}{\Delta I_B} \quad (U_{CE}=\text{常数})$$

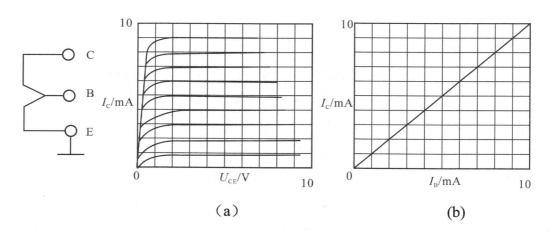

图9-26   晶体管h_{FE}和β值的测量

PNP型三极管h_{FE}和β的测量方法同上，只需改变扫描电压极性、阶梯信号极性，并把光点移至荧光屏右上角即可。

（4）场效应管的测试：以测量N沟道耗尽型管3DJ3漏极特性为例，面板有关旋钮和开关的位置如下：

峰值电压范围：0～10 V

集电极电压极性：+

功耗电阻：1 kΩ

集电极电压：1 V/度

集电极电流：0.5 mA/度

阶梯信号"重复-关"：重复

阶梯信号极性：-

阶梯选择：0.2 V/级

慢慢增加集电极"峰值电压%"，即可得场效应管输出特性曲线，如图9-27所示。

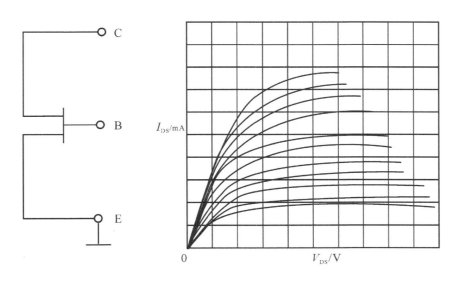

图9-27　场效应管漏极特性曲线

三、实训任务：用晶体管特性图示仪测量半导体器件

1.实训设备

XJ4810型晶体管图示仪、整流二极管、小功率三极管等。

2.实训内容

（1）测量二极管：根据二极管的具体型号，先查清该管正、反向特性测试条件，将管脚插入测试台，调节晶体管图示仪有关旋钮和开关，显示出二极管正向特性曲线，填写表9-13。

表9-13

面板控制件	位　置	面板控制件	位　置
峰值电压范围		X轴集电极电压	
集电极极性		Y轴集电极电流	
功耗电阻		阶梯作用	
正向电流 I_F=			

将集电极电压极性置于"-"，调节晶体管图示仪有关旋钮和开关，显示出二极管反向特性曲线，填写表9-14。

表9-14

面板控制件	位　置	面板控制件	位　置
峰值电压范围		X轴集电极电压	
集电极极性		Y轴集电极电流	
功耗电阻		阶梯作用	
反向电流 $I_R=$		反向击穿电压 $U_{BR}=$	

（2）测量稳压二极管：根据稳压二极管具体型号，先查得该管反向特性的测试条件，将管脚插入测试台，调节图示仪有关旋钮和开关，显示出稳压管反向特性曲线。填写表9-15。

表9-15

面板控制件	位　置	面板控制件	位　置
峰值电压范围		X轴集电极电压	
集电极极性		Y轴集电极电流	
功耗电阻		阶梯作用	
稳压值 $U_Z=$			

（3）测量三极管：根据三极管具体型号，先查得该三极管输出特性的测试条件，将管脚插入测试台，调节图示仪有关旋钮和开关，显示出三极管输出特性曲线，填写表9-16。

表9-16

面板控制件	位　置	面板控制件	位　置
峰值电压范围		簇/级	
Y轴集电极电流		阶梯极性	
集电极极性		阶梯作用：重复	
功耗电阻		电压-电流/级	
X轴集电极电压			
$h_{FE}=$		$\beta=$	

（4）二簇特性曲线的比较：将被测的两只三极管分别插入测试台左、右插座内，将

晶体管图示仪有关旋钮和开关置于相应位置。按下测试选择的"二簇"键，逐步增大峰值电压，即可在荧光屏上显示如图9-28所示二簇输出特性曲线。

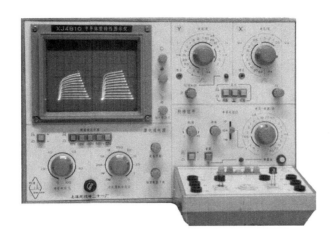

图9-28　二簇输出特性曲线

（5）关掉电源，整理仪器，清理器材，恢复整齐。

3.评分

评分内容	配分	评分人	
		学生	教师
明确工作（实训）任务	10		
测量前的仪表、设备、连接线、工具等准备	15		
仪表接线、测量方法、操作步骤正确	30		
清理现场、恢复仪表及设备状态	15		
明确安全规程，保证仪表安全和人身安全	30		
合计			